Alphabetisch-geordnetes
Sachregister

über

das ganze Werk

der

practischen Anleitung zur Führung
der Wirthschafts-Geschäfte

für

angehende Landwirthe

von

Dr. Friedrich Carl Gustav Gericke,
Oberamtmann zu Lüdgeri bei Helmstädt.

Zweite Auflage.

Berlin, 1816.
In der Realschulbuchhandlung.

Vorerinnerung.

Wenn ich dieses alphabetische Inhalts-Verzeichniß über alle vier Bände meiner practischen Anleitung zur Führung der Wirthschafts-Geschäfte für angehende Land-Wirthe, dem 4ten oder letzten Bande, wie das wohl üblich gewesen wäre, hätte anhangen wollen, so würde dieser eine unförmliche Corpulenz erlangt haben. Da nun aber auch mein Herr Verleger auf die schnelle Herausgabe dieses letzten Bandes der 2ten Auflage sehr drang, so behielt ich keine Zeit, diesen Index gleich mit abliefern zu können. Aus diesen Gründen erscheint er nun in einem kleinen eigenen Bändchen. Es kann dieses meinen geneigten Lesern darum wohl nicht unangenehm seyn, weil dadurch das Aufsuchen der einzelnen Materien erleichtert wird.

Der Verfasser.

(Die im Register vorkommenden Römischen Zahlen: I. IIa. IIb. III. bezeichnen den Theil der practischen Anleitung, und die Deutschen Ziffern die Seitenzahl.)

A

Aas von Thieren, als Dünger IIa. 320. 331.
Abblättern des Kohls, muß mit Vorsicht geschehen, und ist für große Oekonomien nicht anwendbar IIa. 659.
Abbringung der Felderzeugnisse III. 115.
Ableitungsgraben IIb. 543.
Abmähen, des unter die Sommerfrüchte gesäeten Klees IIa. 738.
Abmessung und Aufmessung des Korns, und Vorsicht dabei III. 372.
Abschläger, ein nöthiges Braugeräthe III. 666. 690.
Abzugsgraben IIa. 372.
Achse III. 39. 47.
Achsenschemmel III. 33.
Acker IIa. 98.
Ackerbau, dessen Entstehung und Fortschritte IIa. 93. u. f.
Ackerbauer, wissenschaftlicher IIa. 118.
Ackerfelder IIa. 98.
Ackergewächse oder Feldfrüchte IIa. 377.
Ackerkrume IIa. 210.

Ackermünze II a. 111.
Acker- oder Feld-Polizey I. 91.
Ackerwirthschaft mit Fabrik- und Mastungswirthschaft verbunden, was diese sey II b. 143.
Aderlassen des Hornviehs I. 357.
Aecker, schädliche Zerstückelung derselben II a. 785. f.
Aehrensieb, ein Scheuergeräthe III. 291.
Aenger, Dreische, Geesten II a. 11.
Ahle, siehe Mistjauche.
Albert- oder Stinck-Stein, Mittel gegen die blaufleckigte Milch des Rindviehs I. 332.
Albeschott, Krankheit der Kühe I. 330.
Ameisen aller Art, vorzüglich die rothe, sind den Wiesen und Weiden sehr schädlich II a. 32.
Anewende II a. 101.
Anis II a. 378.
— Kennzeichen, dessen Reife, und Erndtungszeit desselben III. 501.
— weitere Behandlung desselben III. 502.
Anis-Aussaat, wie solche bis zur Erndte zu behandeln II b. 262.
Anisbau II b. 256.
— Boden dazu II b. 257.
Wann und wie der Anis zu säen, und wieviel Saamen man auf einen Morgen einwerfen solle II b. 259. Wie man sich guten Anissaamen verschaffen, und sich von dessen Güte überzeugen solle II b. 260.
Anispflanzen, reifende, deren sehr gefährliche Krankheit II b. 264.
— sind zweijährig II b. 265.
— deren Behandlung im zweiten Jahre II b. 266.
Anstellen oder Stellen der Würze III. 689. 694.
Asche, glühende, muß in feuerfesten Gefäßen von Stein, Kupfer oder Eisen aufbewahrt werden I. 94.

Asche der Seifensieder, als Dünger IIa. 39. 320. 323.
— gemeine, als Dünger IIa. 39. 320.
— deren Verschiedenheit IIa. 326. u. f.
Aschenbehälter, ein nöthiges Brauhausgeräthe III. 666.
Aufbewahrung der Früchte III. 237.
— des gereinigten Getreides aller Art III. 343.
Aufbewahrungskunst, ökonomische I. 28.
Aufrücken, was dieses sey IIa. 218.
Aufsatzbretter am Mistwagen III. 43.
Ausdürrung der Wiesen, deren Verminderung IIa. 43.
Auseinandersetzung mit dem Schäfer, wie solche am besten geschehe I. 549.
Aushämmeln der Bocklämmer, wie und wann es geschehen müsse I. 492.
Ausläufer oder Balken beim Pflügen IIa 229.
Austreten der Tracht der Mutterscheide, eine Krankheit der Kühe I. 372.
Mittel dagegen I. 372. 373.

B.

Bachwiesen IIa. 16.
Balken beim Pflügen s. Ausläufer.
Banse des Heues III. 82.
Was dabei zu beobachten III. 83.
— für die Früchte und das ausgedroschene Stroh III. 241.
— Untersuchung derselben III. 245.
Bansen, die beste Art desselben III. 248.
Bauchbänder an der Nabe des Rades III. 39.
Baukunst, eine nützliche Nebenwissenschaft für den Oekonomen I. 61.
Bearbeitung des Ackers, und deren Eintheilung in mechanische und chemische IIa. 208.

Befriedigungskunst, ökonomische IIb. 535. u. f.

Behütung des Roggens und Waitzens wird widerrathen IIa. 457.

Beinlähmungen, eine Pferdekrankheit I. 206. Kennzeichen und Heilung derselben — daselbst u. f.; die dabei anzustellenden Untersuchungen — daselbst.

Berechnung des gewonnenen Heues und Grummets III. 95. 101. u. f.
— des Vortheils oder Schadens eines gehaltenen Hornviehstapels I. 383.
— des reinen Ertrags einer Schäferey I. 593.
— des Vortheils oder Schadens bei der Schweinezucht I. 457. f.
— des in einer Mistgrube enthaltenen Mistes IIa. 303.
— eines Fuder Mistes IIa 306.
— des zur Einscheurung der Früchte auf einer Oekonomie erforderlichen Scheuren-Raums III. 200. u. f.
— des reinen Ertrags einer Weißbier-Brauerey III. 699. u. f.

Bergtheer IIa. 15.

Bergweiden IIa. 11.

Bergwiesen IIa. 13.
Mittel deren Ausdürrung zu vermindern IIa. 43. Dingung derselben IIa. 44. Umbrechung derselben IIa. 45.

Berieselungswiesen IIa. 73.

Berieselung, Arten solche zu bewirken, daselbst.

Besaamung des Ackers IIa. 376. u. f.

Beschlag der Pferde, und dessen gehörige Untersuchung I. 190. u. f.
Regeln dabei I. 191.
Verdingen desselben, und was dabei für Vorsicht zu gebrauchen I. 192. u. f.

Besteck veterinärischer Instrumente, ist dem Oekonomen nöthig I. 213.

Bette s. Kornbette.

Betten, Aufsicht darüber bei denen der Knechte I. 238. 239.

Beurbarung unbeackert gewesenen Bodens IIa. 98.
Bewässerung der Wiesen, jede Art derselben, rechte Zeit dazu, und nöthige Vorsicht dabei IIa. 81.
Bienenzucht I. 145.
Bier, was erforderlich, um kraftvolles und gesundes zu brauen III. 689.
— dessen Aufbewahrung und Benutzung III. 707.
Bierbrauerey III. 661.
Bieressig III. 718.
— dessen Aufbewahrung III. 719.
— verdorbener, dessen Verbesserung III. 720.
Bieressig-Brauerey III. 710.
Bieressig-Würze III. 711.
Anstellen und Abkühlen derselben III. 711.
Was dabei zu beobachten III. 712.
Bierfässer III. 667.
Müssen deren doppelt soviel im Bierkeller vorhanden seyn, als erforderlich sind, ein Gebräu darauf zu ziehen, daselbst.
Bilsenkraut, Mittel gegen das Blutharnen der Kühe I. 336.
Binsen IIa. 112.
Bittererde IIa. 105. 107.
Bittersalzerde s. Bittererde.
Blade IIa. 587.
Blähen oder die Trommelsucht, innerliche Krankheit des Rindviehes I. 288.
Ursachen, Kennzeichen und Heilung dieses Uebels I. 325. u. f.
Blasen in der Brennerei, und deren zweckmäßige Einrichtung III. 538. 541. 543.

Blasen, aus welchem Metall solche anzufertigen III. 541.
— deren Eintheilung, daselbst.
— deren vorsichtige Stellung und Einmauerung III. 546.
— deren Entfernung vom Roste III. 565.
— Füllen derselben, und was dabei zu beobachten III. 611.
— wirkliches Angehen derselben III. 614.
— woran zu erkennen: ob noch Geist oder Spiritus darin sey, und übergehe III. 615.
Blattkohl, gelber IIa. 379.
dessen Anbau ist zu empfehlen, daselbst.
Bleiwasser, Mittel gegen Verwundung der Pferde I. 214.
dessen wohlfeile Zubereitung, daselbst.
Blutharnen, eine gefährliche innere Krankheit des Rindviehes I. 335.
— wie solches zu entdecken, woher es rühre, und wie man es heile und verhüte I. 335. u. f.
— oder die Harnruhr (rothe Wasser) heilbare Krankheit der Schaafe I. 533.
— deren Veranlassung, Kennzeichen und Mittel dagegen, daselbst.
Blutspatt, Fehler der Pferde. I. 248.
Bock, s. Schaafe.
— eines guten Beschaffenheit I. 447. Wieviel Schaafe derselbe ohne Schaden seiner Gesundheit gehörig bedienen könne I. 482. u. f. In welchem Alter er zu den Mutter-Schaafen zu lassen, und wie lange I. 485. Zu welcher Zeit er zu den Mutter-Schaafen zu lassen I. 486. Ob man alte, abständige Böcke noch entmannen könne, und wann dieses am besten geschehe I. 149.
Boden, mergeligter IIa. 107.
— schwerer IIa. 108.
— mittler, daselbst.

Boden, leichter, IIa. 1 108.
— nasser IIa. 109.
— trockner, daselbst.
— kalter, daselbst.
— warmer, daselbst.
— gieriger, daselbst.
— fetter, daselbst.
— dessen Eintheilung in besseren, mittleren und schlechten II a. 109.
— dessen Eintheilung in Klassen IIa. 113.
— dessen Verbesserung IIa. 116.
— dessen Bestandtheile II b. 403.
— dessen dauernde Bestandstandtheile IIb. 404.
— deren nähere Beschreibung IIb. 405.
— veränderliche Bestandtheile desselben IIb. 424.
— Wie die einzelnen Bestandtheile am leichtesten durch Chemische Untersuchung zu erforschen IIb. 457.
Bohnen IIa. 381.
— deren Eintheilung in die Garten- und Feldbohnen IIa. 381. 382.
— wann solche zu säen IIa. 424.
— Boden dazu IIa. 425.
— wieviel davon in einen Morgen zu säen IIb. 531.
— Zeit zum Abbringen derselben III. 112.
— als Pferdefutter I. 185.
— als Schweinemastung I. 433.
Bohnendriller, oder Bohnensäer IIa. 187.
Bohnen-Schroot I. 276.
Bohrer, muß im Bierkeller einer Brauerey vorhanden seyn III. 667.
Booken III. 471.
Bookehammer, ebendaselbst.
Bookemühlen III. 474.
Was davon zu halten III. 490.
Botanik, nützlich dem Oekonomen I. 58.
— was sie ist IIb. 507.
— deren Systeme IIb. 514.

Botanik, Entstehung derselben IIb. 516.
— deren Geschichte, daselbst.
Braache IIa. 103.
— reine, daselbst.
— besömmerte, daselbst.
— ob es zuträglich, solche vor dem Winter zu pflügen IIa. 237.
Braachen des Feldes IIa. 216.
Brachfrüchte, wie das Pflanzen derselben auf gehörige Art geschehen müsse IIa. 426.
— zu behackende, deren Nutzen IIa. 590. Wichtige Regeln bei deren Einerndtung III. 409.
Brandmalz, wie solches zuzubereiten III. 704.
Brandtewein, wie zu erproben, ob der gewonnene probehaltig sey, und die erforderliche Stärke habe III. 621.
— Abtreibung desselben, und worauf hierbei vorzüglich zu achten III. 622.
— wodurch man demselben den in der Gegend beliebten Geschmack geben könne III. 624.
— wie man denselben auf eine unschädliche Art probehaltig machen könne III. 625.
— wie demselben der brandige Geschmack zu benehmen III. 626.
— dessen Niederlagsort, und besten Aufbewahrungs=Gefäße III. 628.
Brandteweinbrennerey III. 527. Nöthige Ueberlegung vor deren Anlegung III. 527. Was für Wasser dazu erforderlich III. 529. Wie dessen Beschaffenheit zu erforschen, daselbst.
— gehört nicht ausschließlich in die Städte IIb. 144.
Brandteweinfässer, gehören in eine Brennerey III. 560.
Brandteweins=Niederlage, was bei deren Anlegung zu beobachten III. 629.

Nöthige Geräthschaften darin III. 630. Behandlung des Brandteweins darin III. 631. Wie man bei dem Verkaufe desselben daraus mit Vorsicht zu verfahren habe III. 633.
Brauen, dreierlei Arbeiten dabei III. 686.
Brauen selbst, oder die Hauptarbeit beim Brauen III. 689.
Brauerey gehört nicht ausschließlich in die Städte II b. 144. f.
Brauhaus mit Zubehör, und dessen zweckmäßige Anlage III. 662.
Nöthige Geräthschaften darin III. 665.
Braumeister, dessen Controllirung III. 697.
Braunbier III. 685.
Wovon, und wie solches zu brauen III. 701.
Fermentation desselben, und deren verschiedene Arten III. 702.
Braunbierbrauerey III. 701.
Brauofen III. 669.
Vorsichtige und zweckmäßige Anlegung desselben, daselbst u. f.
Braupfanne, kupferne III. 665.
Bräune, oder das wilde Feuer der Schweine I. 440.
Kennzeichen dieser Krankheit I. 443. Ursachen derselben, daselbst. Heilmittel derselben I. 445. Vorbauungsmittel dagegen I. 444.
Brechen beim Brauen III. 688.
Brechen des Flachses III. 473.
Brechmühlen III. 474.
Was davon zu halten III. 490.
Brauerey oder Brauhaus mit Zubehör III. 537.
— ist am besten ganz massiv zu erbauen, daselbst.
— genaue Beschreibung einer wirklich existirenden I. 565. u. f.
Bringzehndten III. 161.

Worauf bei dessen Erhebung vorzüglich zu sehen III. 182. u. f.
Bruckwiesen IIa. 16.
Brustwassersucht, innerliche Krankheit der Schaafe I. 525.
deren Entstehungs-Ursachen, daselbst. deren Kennzeichen I. 526. deren etwaige Heilmittel und Vorsichtsmaaßregeln dagegen I. 527.
Brücke, bewegliche IIa. 34.
deren Beschreibung, daselbst.
Brümmischseyn der Schweine, was das heiße I. 414.
Buchhaltung oder Buchführung, ökonomische I. 29.
Buchweizen, ein nützliches Gewächs IIa. 503.
Boden dazu IIa. 508. dessen Eintheilung IIa. 506. Welche Art man bauen, und wieviel man aussäen müsse IIa. 508. 509. Zeit der Aussaat IIa. 510.
— wilder auch Buchwinde, Vogelzunge genannt IIa. 507.
Budjadinger Hornvieh, ist für magere Weiden nicht rathsam I. 380.
Bulle, s. Stier.
Bunde, ob dicke, oder dünne, beim Aufbringen des Getreides vorzuziehen III. 139. 144.
Beutfutter IIa. 588.
Busch, Reppelbusch III. 463.
Buschhecken, s. Reeken.
als Wiesenbefriedigung IIb. 537.
Buttererde IIa. 110.
Buttersaat IIa. 588.
Büchse, eiserne, in den Achsen III. 39.
Bütten, oder Böttiche in der Brennerey III. 554.
Wieviel deren bei zwei Blasen befindlich, daselbst. Das passendste Holz dazu III. 555. Form derselben III. 556.

Bütten, wie solche gehörig haltbar zu machen. daselbst.
— müssen auf ein hölzernes Fußgestell gesetzt werden III. 557.

C.

Canäle IIa. 73.
Charakter der Bauern I. 66.
Chemie, nützlich dem Oekonomen I. 59.
— was solche ist IIb. 400.
Nutzen derselben, daselbst.
Cichorie IIa. 383.
— deren Nutzen IIb. 352.
— Boden zu deren Anbau, und wie solcher zu behandeln IIb. 354.
Fernere Behandlung des Cichorienackers und der jungen Pflanzen IIb. 360.
Cichorien-Fabriken, gehören nicht ausschließlich in die Städte IIb. 144.
Cichoriensaamen, wie der angekaufte zu prüfen, und wie er zu erziehen IIb. 356.
— wann derselbe zu säen, wieviel auf einen Morgen zu säen, und wie derselbe auf dem Acker gehörig zu vertheilen IIb. 359.
Cichorienwurzeln, deren Einerndtung, Aufbewahrung und ökonomische Behandlung IIb. 361.
Cideressig III. 654.
Cideressig-Fabrik, wie solche anzulegen III. 655.

D.

Dach auf die Feimen III. 276.
— bewegliches III. 277.
Dammerde oder humus IIa. 107.

Dampfrohr oder Dunstschornsteine I. 167.
Darmgicht oder Kolik bei den Pferden I. 201.
— deren Kennzeichen, Ursachen und Heilung I. 202.
— Vorsichtsregeln nach Heilung derselben I. 205.
— des Rindviehes oder Verstopfung, innere Krankheit desselben I. 287.
— deren Ursache und Heilung I. 288. u. f.
Darmstrenge der Pferde, s. Darmgicht.
Darrmalz III. 581. 678.
— zum Braunbier, wie solches auf der Darre zu behandeln III. 680.
Deichsel, wie sie beschaffen seyn müsse III. 45.
Derulirung der Schläge IIb. 107.
Dick-Rüben IIa. 378.
Diehen, Dühen III. 301.
Diemen, s. Feimen.
Dispositionskunst, ökonomische I. 28.
Disteln, ein Unkraut IIb. 620.
— sind, wenn sie an den Aeckern stehen, nieder zu hauen IIb. 621.
Dohlen, sind schädlich dem Ackerbau IIb. 585. deren Anzahl ist zu vermindern, Mittel dazu, ebendaselbst.
Doppel-Furchen-Pflug IIa. 137.
Dotter oder Leindotter, keine Flachsart IIa. 388.
Dörren des Flachses III. 486.
Dreck, weißer, als Kälberkrankheit, und Heilung derselben I. 378.
Drehen der Schaafe, innerliche Krankheit derselben I. 530. 614. f.
Verschiedene Namen dieser Krankheit I. 615. Von der Beschaffenheit und den verschiedenen Graden des Uebels, so wie von den dabei vorkommenden Erscheinungen I. 617. Welche Lämmer gewöhnlich an der Drehsucht leiden I. 624. Zeit und Jahrszeit, wo die Lämmer von diesem Uebel befallen werden I. 625. Prüfung der

bisher angenommenen Ursachen dieser Krankheit, und Zweifel dagegen I. 628. u. f. Wahrscheinliche entfernte und nähere Ursache dieser Krankheit I. 634. Würdigung der vorgeschlagenen Mittel zur Verhütung des Uebels I. 639. Ueber die versuchten und angepriesenen inneren Heilmittel dieser Krankheit I. 642. Wie der Sitz der Krankheit zu entdecken, und woraus man beurtheilen könne, ob solche bei dem kranken Individuum zu heilen sey, oder nicht I. 643. Operation dieser Krankheit, Verfahrungsart dabei, und deren genaue Beschreibung I. 648. u. f. Was von dem Saugetrokar zu halten sey I. 652.

Dreigart, Driert IIa. 101.

Dreisch, Drisch IIa. 97.

Dreische, s. Aenger.

Dreifelder-Wirthschaft IIb. 34.
deren Entstehen IIb. 27. deren Eintheilung in reine und gemischte IIb. 34.
— wie sie von der Koppel- und Wechselwirthschaft verschieden ist IIb. 79.
— reine IIb. 35.
Wie man von derselben zu einer besseren Wirthschaft übergehen könne IIb. 36. Eintheilung der Felder IIb. 47.
— gemischte IIb. 48.
Wie dabei zweckmäßig zu verfahren IIb. 51. Vorzüge derselben, und wie man aus selbiger in eine Sechsfelder-Wirthschaft mit Nutzen übergehen könne IIb. 54. Warnungen und nöthige Bemerkungen IIb. 58. Mittel, solche zu vervollkommnen IIb. 61. Für wem es zuträglich, bei der gemischten Dreifelder-Wirthschaft zu bleiben IIb. 64.

Drillmaschine IIa. 194.
deren Zweck, Nutzen und Anwendbarkeit IIa. 196. u. f.

Dröschen III. 293.
Verschiedene Arten desselben, daselbst. Durch Menschenhände, mittelst der Dröschflegel III. 295. Nöthige Vorrichtungen und Betrachtungen dabei III. 298. u. f. Durch Herrndienste, Tagelöhner oder Dienstboten III. 302. Nach Stiegen oder Himpten III. 304.
— ob es besser sey, solches in Tagelohn, oder Verding zu geben III. 311.
— ob das überschnelle rathsam, und wann es besonders nöthig sey, auf das Reinausdröschen zu achten III. 315.
— nach welcher Ordnung es geschehen müsse III. 317.
— dabei wird die Nachzählung der ausgedroschenen Stiegen anempfohlen III. 320. u. f.
Dröscher, ob es besser sey, viele in eine Schürze, oder in mehrere kleine Schürze anzustellen III. 313.
Sind unter genauer Aufsicht zu halten III. 303. 307.
Dröschflegel III. 289.
Müssen in der Scheuer vorräthig seyn, daselbst.
Dröschmaschine III. 295.
Wann, und wo sie anzuwenden III. 296.
Dröschtenne III. 219.
Es ist rathsamer, eine lange als mehrere kurze anzulegen, daselbst. Gründe dafür, ebendaselbst.
— wie sie gehörig fest anzulegen, und alte umzuarbeiten III. 222.
— lange, wie solcher Licht zu verschaffen III. 227.
Druse, eine Pferdekrankheit I. 197.
deren Kennzeichen und Heilung I. 198. u. f.
Duchsen (Duxen) oder Begipsen der Wiesen IIa. 37.
— des Klees IIa. 740.

Durchfall, Krankheit der Schaafe I. 534.
Deren Entstehung und Curart, daselbst.

Dünnbier, wie solches zuzubereiten III. 693.

Dünger, Nutzen desselben IIa. 273.
Was er sey IIa. 275. Wie er eingetheilt werde IIa. 280. Wie man sich denselben verschaffen könne IIa. 280. f.

Dünger von verdorbenen Heu III. 89.
— natürlicher IIa. 276. 280.
— künstlicher daselbst.
Wie man düngen müsse IIa. 344. f.
— animalischer und vegetabilischer IIa. 281.
— dessen Verwendung und Benutzung IIa. 333.
— Ueberschlagung des vorräthigen auf dem Hofe IIa. 303.

Düngergrube IIa. 286.
wie solche zweckmäßig anzulegen und einzurichten, daselbst.

Dünger-Magazin im Felde, Anlegung und Nutzen desselben IIa. 336. u. f.

Dünger-Surrogate IIa. 319. f.

Dünger-Vehikel IIa. 281.
Was in diesen würke IIa. 353. Deren Anwendung, und die dabei nöthigen Vorsichtsregeln IIa. 353.

Düngung der eingedammten Wiesen IIa. 37.
— der nicht zu überflutenden, oder zu berieselnden Wiesen IIa. 84.

Duwock, Kandelwisch, ein perennirendes Unkraut IIb. 616.
Mittel dagegen IIb. 617.

E.

Ebnungen der Wiesen, wie diese vorzunehmen IIa. 66. f.

Egge IIa. 127.
— deren Einrichtung und verschiedene Arten IIa. 153.
— beste Art, sie zu bespannen und zu regieren IIa. 154.
Eggen, wie solches zweckmäßig geschehen solle IIa. 252.
Eigennutz, ein Hauptcharakter der Bauern I. 67.
Eimer, mehrere, welche alle eine bestimmtes Maas halten müssen, als Brennereygeräthe III. 562.
— zwei, als nöthige Braugeräthe III. 666.
— muß im Bierkeller einer Brauerei vorhanden seyn II. 667.
Einerndtung der Früchte III. 9.
Werkzeuge dazu III. 13. u. f. Handgriffe dabei III. 11. Nutzen, welchen der Oekonom aus der genauen Kenntniß derselben zieht III. 10.
— der verschiedenen Früchte III. 107. u. f.
— bei nassen Jahren, wie dabei zu verfahren III. 137.
— der Schotentragenden, Oelhaltigen Früchte III. 426. f.
— der Möhren, Pastinaken und Braachrüben IIa. 710.
— der Runkel- und Steckrüben IIa. 694.
Einfahren der Feldfrüchte III. 150. f.
Wie solches zu beschleunigen und Zeit dabei zu sparen III. 154. f.
Einkorn, Peterskorn IIa. 438.
Wo. und wann solches anzubauen IIa. 447.
Einmaischen des Schroots III. 589.
Einsacken des Korns III. 340.
Einsalzen des Heues III. 92.
Einscheurung der Korn-, Halm- und Hülsenfrüchte III. 185.
Hinbansung derselben, daselbst. Welche Ue-

berlegung vor derselben zu machen III. 239. Wo jede Art der Früchte und das ausgedroschene Stroh am besten hingebracht werde III. 241.
Einscheurung, wie dabei überhaupt zweckmäßig zu verfahren, um solche gehörig zu befördern I. 246.
Eisen-Oxid IIa 106. u. IIb. 414.
Eisenrahm IIa. 111.
Eisenvitriol, oder das schwefelsauere Eisen IIb. 453.
Eilern, sind in Brüche zu pflanzen IIa. 18.
Emmer, Emmerkorn, Spielarten des Weizens IIa. 438.
Entenzucht I. 145.
Entwässerungskunst, ökonomische IIb. 523.
Erbsen, ein gutes Schweinefutter I. 433. wann solche zu säen IIa. 424. Boden dazu IIa. 425.
— Wicke IIa. 560.
— Felderbsen IIa. 546. deren verschiedene Arten, daselbst u. f. Boden dazu IIa. 549. Wann sie zu säen IIa. 552. Wieviel davon in einen Morgen zu säen IIa. 553.
— Stroh, ist brauchbar zu Häcksel I. 275.
Erdarten, deren Verschiedenheit IIa. 105.
Erdäpfel IIa. 379.
Erdbohrer IIa. 29. f.
Erde mit Jauche geschwängert, als Dünger-Surrogat IIa. 320. 324.
Erdengerlinge IIb. 599.
Erdfloh, ein Feind der jungen Kohlpflanzen IIa. 645.
— ein Feind der Oelsaat IIb. 190.
— Mittel gegen den Erdfloh IIa. 647.
— ist auch dem Ackerbau schädlich IIb. 605.
— Mittel dagegen IIb. 605.
Erndtekarn III. 44.

Erndteleitern III. 41.
deren verschiedene Beschaffenheit III. 43.
Erndtewagen III. 31.
Arten derselben III. 32. Umständliche Beschreibung der besten Art derselben III. 33.
Erndtewerkzeuge, deren Eintheilung und Beschreibung III. 13.
Ersparung, vernünftige, der Erzeugnisse III. 520.
Esparcette IIa. 25. IIa. 385.
deren Anbau und vorzüglicher Nutzen IIa. 762. Beschaffenheit und Lage des Bodens für solche, daselbst u. f. Bereitung des Bodens zu deren Anbau IIa. 764. Wann solche zu säen, und wieviel Saamen davon in einen Morgen zu säen IIa. 766. Wartung derselben bis zur ersten Erndte, und nachher IIa. 767. Saamenerzielung IIa. 771.
— Erndte und Benutzung derselben in grünem und trockenem Zustande IIa. 771.
Essig, s. Bieressig.
— concentrirter, dessen Zubereitung III. 718.
Essigmutter III. 714. 716.
Essigstube oder Essigkammer III. 715.
Wie solche einzurichten, daselbst.
Eulen, sind als unschädlich, nicht zu verfolgen IIb. 575.

F.

Fabrik- und Handlungswissenschaft, ökonomische I. 28.
Falgen, was es heiße IIb. 63.
Farbepflanzen, und Warnung in Betreff derselben IIb. 367.
Färberröthe, oder Krapp IIb. 365.
Fasanenzucht I. 144.

Fassen des Biers III. 689. 695.
Faulfressen der Schaafe I. 525.
Fäulniß der vegetabilischen und animalischen Substanzen IIb. 483.
Untersuchung derselben, daselbst u. f. Folgerungen daraus IIb. 491. u. f.
Federviehzucht I. 144.
Feimen, gute, sind erforderlich III. 259.
— ob solche nöthig, muß frühzeitig ein Ueberschlag gemacht werden III. 260. Wie solcher zu machen III. 261.
— Auswahl und Bereitung des Platzes dazu III. 262.
— Gestelle derselben III. 264.
— deren Anlegung ohne Gestell III. 266.
— ob die runden oder viereckigten die besten sind III. 267.
— wie eine runde zu bansen III. 268.
— wie eine viereckigte zu bansen III. 274.
— Decken derselben III. 275.
— Sicherung derselben III. 278.
— ob solche an die Scheuer oder an ein anderes Gebäude zu lehnen III. 279.
— ob deren erforderlicher Umfang für eine bestimmte Anzahl von Getreide genau berechnet werden könne III. 280.
— ob man die Vögel und Mäuse bei solchen sehr zu fürchten habe III. 283.
Feldbau, Lehre davon I. 27.
Feldbefriedigungen, nöthige Aufsicht über solche IIb. 537. Gewöhnliche Arten derselben, und welche davon die besten IIb. 538.
Felder, geschlossene IIa. 103.
— offene, daselbst.
Felderbsen als Hülsenfrucht IIa. 382.
s. übrigens Erbsen.
Feldfrüchte, ob es rathsam sey, solche im Ver-

dinge oder im Tagelohn abmähen zu lassen III. 130.
Feldfrüchte, ob es rathsam sey, solche, welche nach dem Mähen gleich aufgebunden werden sollen, im Thau oder Regen mähen, und solche, wenn sie bei heiterm Wetter gemähet werden, in Fröschen lange liegen zu lassen III. 132.
— aufgebundene, nöthige Untersuchung derselben, ob sie zum Einfahren gehörig trocken, und Art der Untersuchung III. 184. 243.
— aufgebansete, deren Untersuchung ist höchstnöthig III. 245.
— eingescheuerte, deren Zählen ist nöthig III. 253.
— welche in die Schaafställe zu legen, und wie lange man solche darin liegen lassen könne III. 257.
— Welche in Diemen zu legen am besten geeignet sind III. 262.
— ausgedroschene, deren Reinigung, und was dabei zu beobachten III. 326.
Wie es geschehen müsse III. 335.
— die öhlhaltigen Saamen tragen IIa. 378.
Feldhüter, Vorsichtsregeln, sie treu und wachsam zu machen I. 118. f.
Feldmark, Feldmarkung IIa. 98.
Feldpolizey I. 117. f.
Feldscheiden IIa. 98.
Feldweiden IIa. 11.
Feldwiesen IIa. 12.
deren Behandlung IIa. 41.
Feldwinde IIa. 111.
Felgen am Rade III. 39.
Felgen des Winterfeldes s. Falgen.
Fell im Auge, äußere Krankheit der Kühe, deren Ursache und Heilung I. 354.
Fell, das weiße, Krankheit der Schaafe und Heilung derselben I. 534.

Ferkel I. 404. f.
— wieviel eine gute Zuchtsau werfe und ernähren könne, daselbst.
— ob sie zu einer anderen Sau gelegt, und von derselben groß gesäugt werden können I. 405. 406.
— wie lange sie säugen müssen I. 407.
— ob die säugenden von dem Futter der Mutter fressen dürfen, und wofür man sie hüten müsse I. 408.
— Krankheiten derselben I. 408. 411.
— Behandlung der entwöhnten I. 409. f.
— rechte Zeit, sie schneiden zu lassen I. 412. passende Jahreszeit hierzu I. 416. Vorbereitung dazu I. 415.
— deren Behandlung nach dem Schnitte I. 415. 416.
Fettlöcher IIa. 15.
Feuerkrücke, als Brannereygeräth III. 562.
Feuersbrunst, die deshalb nöthigen Vorkehrungen I. 94.
Fimmel beim Hanfe III. 451.
Fischerey oder Fisch=Zucht I. 144. 145.
Fischgräten, als Dünger=Surrogat IIa. 320.
Flachegge IIa. 153.
Flachs, darf nicht am heißen Ofen gedörrt, und bei Lichte verarbeitet werden I. 94.
— Nutzen desselben IIb. 193.
— ob, und wo es zuträglich sey, denselben zum Verkaufe zu bauen IIb. 195.
— verschiedene Arten desselben IIb. 214.
— wann der Früh=, Mittel= und Spät=Flachs zu säen IIb. 237.
— dessen Behandlung nach dem Säen bis zur Erndte IIb. 238.
— Hauptbindernisse des Gedeihens desselben, und Mittel dagegen IIb. 242.
— Kennzeichen der Zeitigung desselben III. 461.

Flachs, Rotten desselben III. 454
— Zubereitung desselben und die dazu nöthigen Werkzeuge III. 469.
Flachsarbeit, wieviel ein Tagelöhner oder ein Herrendienstpflichtiger in einem Tage verrichten müsse III. 495.
Flachsbau und Boden dazu IIb. 216.
Behandlung und Bearbeitung desselben IIb. 218. f. Düngung des Bodens IIb. 221.
Flachsbreche III. 473.
Flachsschwinge III. 474.
Flöze IIa. 209.
Flugzehndten, oder fliegender Zehndten III. 160.
Ist vortheilhaft für den Zehndtgeber III. 161.
Worauf ein guter Oekonom bei Erhebung desselben zu sehen habe III. 182.
Flugsand IIb. 423.
Flut-Wiesen IIa. 68.
deren Anlegung, daselbst.
Forken III 14.
Frösche III. 132.
Fruchtkrume IIb. 403.
Frühjahrsbewässerung der Wiesen IIa. 82.
Fuder Mist, dessen Cubik-Inhalt zu finden IIa. 306 f.
Futterkorb, als Brennereygeräthe III. 563.
Futterkräuter IIa. 378. 591.
— Nutzen derselben IIa. 590.
Verschiedene Arten derselben IIa 714.
— vorsichtige Auswahl derselben IIa. 725.
— Auswahl des Bodens für jede Art IIa. 729.
— Saamen, Vorsicht beim Ankauf und bei der Erziehung desselben IIa. 731.
Futter, gesundes, muß dem Viehe in angemessener Menge, und zur gehörigen Zeit gegeben werden I. 161.

Futter, grünes, ist den Arbeitspferden nicht zuträglich I. 185.
Futtermangel, dessen üble Folgen III. 104. insbesondere für die Schaafe I. 503. Mittel ihm abzuhelfen I. 502. Mißliche Mittel dagegen IIa. 778.
Fütterung des Rindviehes, s. Rindvieh.
— der Pferde, s. Pferde.
— der Schweine, s. Schweine.
— der Schaafe, s. Schaafe.

G.

Gabel, hölzerne, III. 27.
— eiserne, oder Forken III. 27. deren Gebrauch III. 28.
Gallen, ein Fehler der Pferde I. 248. deren Eintheilung I. 249.
Gänsezucht I. 144.
Garben, deren Binden, Aufladen und Aufreichen III. 140.
— deren Aufreichen und Hinbansen in der Scheuer III. 142.
— Verschiedenheit der Aufbewahrung derselben III. 145.
Garbenfutter, ist für Pferde nicht anzurathen I. 180. f.
Garbenfütterung IIa. 583.
Gartenbau, ökonomischer IIb. 391. dessen Eintheilumg IIb. 392. Regeln zu dessen vernünftigen Betreibung IIb. 393.
Gartenrechen III. 30.
Gassenkoth, als Dünger-Surrogat IIa. 320. 322.
Gesten, s. Aenger.
Gehre, s. Gelänge.
Gelänge IIa. 101.

Geldzehnten III. 159.
Gemeinheiten, oder die Hut- und Weide-Gerechtigkeiten auf großen, gemeinschaftlichen Aengern, sind dem Ackerbau nachtheilig II a. 785. 793.
Gemeinweiden II a. 15.
— die nicht Koppelweiden sind, wie solche zu verbessern II a. 56. f.
Gemeinwiesen, Umwiesen, Reihewiesen II a. 13.
Geodäsie, oder practische Feldmessekunst, als nützliche Nebenwissenschaft für den Oekonomen I. 57.
Geometrie, unentbehrlich dem Oekonomen I. 56.
Gerbemühlen, II a. 447.
Gerbung des Speltes, wie solches ohne besondere Gerbemühlen zu verrichten, daselbst.
Gerste, als Halmfrucht II a. 380.
— verschiedene Arten derselben, und deren Eintheilung II a. 460 u. f.
— Boden dazu II a. 464.
Wie solcher zu düngen II a. 468. Wie oft solcher zu pflügen.
— wann solche zu säen II a. 470. u. f.
wieviel davon auf einen Morgen zu säen II a. 472.
— Kennzeichen der Reife derselben III. 110.
— als Pferdefutter I. 184.
— als Mastungsmittel für die Schweine I. 433.
— als Futter für die Ferken I. 409.
Geschirr, Pferdegeschirr I. 179.
Aufsicht darüber I. 239. Was in Ansehung der Reparaturen desselben auf den Riemer für Aufsicht zu halten I. 239 u. f.
Geschwüre an den Lungen und der Leber der Schweine, deren Kennzeichen und Heilung I. 451.
Geschwulst am Zwölffinger-Darm, auch der Ro-

the (Rohe) genannt, innerliche Krankheit der Schaafe I. 525
Gesinde, Vorsichts=Maaßregeln bey Annahme desselben I. 128 u. f.
Gespenster, als Diebe der Kornböden und Mittel zu deren Verbannung III. 349.
Gestlechel III. 668.
Gesttröge, eichene oder steinerne III. 667.
Getreide, Behandlung desselben auf den Kornböden III. 326 ff.
— das Auf= und Abmessen desselben muß mit der größten Vorsicht geschehen III. 372.
Getreidebette, s. Kornbette.
Getreidesichel, deren Beschreibung nnd Gebrauch III. 26. 27.
Gewächse, saftige, untergepflügte, als Dünger=Surrogat IIa. 320. 323.
Ginst, haarigter IIa. 112.
Gips, als Dünger=Vehikel IIa. 38. 351.
über die Art seiner Anwendung IIa. 369.
Gipsen, beym Klee IIa. 740.
Glander, rother Kornwurm III. 385.
Gnitten, oder Nieße des Rindviehs I. 355.
Gottes=Gnaden=Kraut, Mittel gegen das Bluthärnen der Schaafe I. 533.
Graben, auf Wiesen IIa. 28.
Graben, als Wiesenbefriedigung IIb. 538.
Graben, warum sie im Felde angelegt werden IIb. 542.
Deren zweckmäßige Anlegung und Unterhaltung IIb. 542. f. Verschiedenheit derselben, und deren Abdachung, daselbst.
Grannen, am Weizen IIa. 436.
Gras, wie lange es wachsen müsse III. 61.
Behandlung des gemäheten III. 69.
Grasbügel, an der Sense III. 23.
Grashaufen III. 69.
Grasnarbe IIa. 53.

Grasraupe IIb. 606.
Mittel dagegen IIb. 607.
Grassense, Gebrauch derselben III. 24.
Grassichel, deren Beschreibung und Gebrauch III. 26. 27.
Grind, bey dem Rindvieh und Heilung desselben I. 342.
— bey den Schweinen und dessen Heilung I. 454.
— bey den Schaafen, oder Räude, dessen Ursache, Entstehung und Heilung I. 539. f.
Grindeltheil des Pfluges IIa. 137.
Grummt IIa. 14. Zeit zu dessen Einerndtung IIa. 86.
— Wiesen IIa. 14.
Grünlands-Moor IIa. 19.
Grundfaß oder Handschaupe, ein nöthiges Braugeräthe III. 666.

H.

Haarschlächtigkeit, s. Hartschlag.
Haarseil, Heilmitttel bey dem Milzbrande des Rindviehes I. 293.
— Heilmittel bey der Bräune der Schweine I. 447.
— Heilmittel bey dem Koller der Pferde I. 233.
Habicht, ist als unschädlich, nicht zu verfolgen IIb. 575.
Hacke oder Karst IIa. 126.
deren verschiedene Arten IIa. 128.
Hackenpflug IIa. 127.
Häcksel, welches Stroh das beste dazu sey I. 186.
Wie guter Häcksel beschaffen seyn müsse I. 186. u. 187. Wie viel ein Tagelöhner in 8 Stunden Häcksel für Rindvieh schneiden könne I. 275.
Hafer, als Halmfrucht IIa. 380.

Hafer, wie viel Himten davon auf einen Morgen zu säen IIa. 486. Wann er zu säen IIa. 424. u. 484. Boden dazu IIa. 425. Kennzeichen der Reife desselben III. 111.
— das beste Pferdefutter I. 124.
— verschiedene Arten desselben IIa. 476. u. f.
— welche Art desselben man bauen solle IIa. 486.
Haferrüsselkäfer, oder schwarzer Kornwurm III. 385.
Haferstell III. 23.
Haferstroh IIa. 476.
Haidekorn, Buchweizen, als uneigentliche Halmfrucht IIa. 381.
Haidekraut IIa. 112.
Haiden IIa. 11.
deren Eintheilung, daselbst.
Halmfrüchte IIa. 378.
Bau derselben IIa. 432.
— deren Eintheilung IIa. 434.
— uneigentliche IIa. 490.
— Kennzeichen der Reife derselben III. 108. u. f.
— Mittel, die durchnäßten wieder abzutrocknen III. 137.
Halmzehndten und dessen Abtheilung III. 159.
Hammel, Nachgeburt der Kühe I. 374.
Verhaltungsregeln, wenn solche nicht gleich abgeht, daselbst u. 375.
Hamster, sind dem Ackerbau höchst schädlich IIb. 560.
Ungemeine Vermehrung derselben IIb. 561. Verordnung dagegen IIb. 562. Mittel, solche zu vermindern, ebendaselbst u. f. Durch Ausgraben, ebendaselbst. Wie dabei zu verfahren IIb. 563. f. Beste Zeit des Ausgrabens IIb. 566. Durch die Schweine IIb. 568.

Durch Hunde II b. 565. 568. Durch Gift II b. 568. Durch Fallen II b. 569.

Hamster, fressen keine Mäuse II b. 570.
— Gräber, sind eigennützig und verschonen deshalb die alten Hamster II b. 567.
— Mittel sie zu nöthigen, die Hamster beim Ausgraben zu tödten II b. 567.

Handbeil, muß im Bierkeller einer Brauerey vorhanden seyn III. 667.

Handelskräuter II a. 378.
Was darunter verstanden wird II a. 385.
— deren Bau, und die darüber anzustellende Ueberlegung II b. 166. f.
— Besondere Erwägung hierbei II b. 168. f.
— Erndtung und fernere Behandlung derselben III. 425.

Hanf, als Pflanze, welche öhlhaltigen Saamen trägt II a. 388.
— Nutzen desselben II b. 193. Boden dazu und dessen Zubereitung II b. 198. f. Womit dieser Boden am besten zu düngen II b. 200. Verschiedene Arten des Hanfes, daselbst. Wann, wie und wieviel davon auf einen Morgen zu säen II b. 202. In wiefern und wo es rathsam sey, den Hanf mehrere Jahre hinter einander auf dem nämlichen Acker zu bauen II b. 207. Behandlung des Hanfes nach der Aussäung bis zur Erndte II b. 208. f. Einerndtung desselben II b. 210. 212. Verschiedene Arten der Einerndtung desselben III. 450. Wie die Reife desselben erkannt werde III. 452.
— verschiedene Arten, denselben zu rotten III. 454. dessen fernere Behandlung bis zum Klopfen III. 456.
— Klopfen und Brechen desselben III. 457.

Hanfbrache III. 457.

Hanfsaamen, Abdröschen und Benutzung desselben III. 453.

Hanfsaamen, woran der gute zu erkennen, und ob es rathsam sey, ihn selbst zu erziehen, und wie man solchen erziehen solle II b. 284. ff.
Harken, hölzerne (Rechen) III. 29.
deren verschiedene Arten, daselbst. Deren Beschreibung III. 30.
— mit hölzernen Zinken, als Scheuerngeräthe III. 290.
Hartschlag, eine Pferdekrankheit I. 234.
dessen Kennzeichen I. 234. 35. Mittel, um selbigen zu mildern I. 236.
Haufen s. Grashaufen.
Haumaus II b. 559.
deren hauptsächlicher Aufenthalt, ebendaselbst. Verschiedene Arten, solche zu vertligen II b. 559.
Hauptmängel der Pferde, und Kennzeichen derselben I. 219. f.
Hauptsäule, Griechsäule, auch Griess-Griff am Pfluge II a. 141.
Hauptschwengel am Pfluge II a. 136.
Haushaltserzeugnisse, welche zu Erzielung des Brandteweins tauglich III. 575.
Haushalts-Polizey I. 90.
deren Eintheilung in allgemeine und besondere, daselbst.
Haushalts-Polizey-Wissenschaft I. 88.
Docheln III. 494.
Heede, Vorrath davon muß im Bierkeller einer Brauerey vorhanden seyn III. 667.
Heerdt in der Brennerey, und dessen Einrichtung III. 546.
— unter der Braupfanne, wie solcher anzulegen III. 669.
— Rost darunter, daselbst.
Heerstraßen, schlechte, sind nachtheilig dem Ackerbau II a. 785. 802.
Heinde, Untersuchung des Vortheils oder Scha-

dens bei dem daselbst von Petri 1802 bis 1803 gehaltenen Hornviehstapel I. 383. u. f.

Heinde, Untersuchung des Vortheils oder Schadens bei der daselbst von Petri 1802 bis 1803 gehaltenen Schweinezucht I. 457. f.

Hefen, künstliche, dessen Zubereitung III. 599.
— deren Benutzung und Aufbewahrung III. 704. und deren verschiedene Arten, daselbst.
— schwarze III. 705.
Helm an der Blase III. 545.
— dessen Eintheilung in Tinkhelm und Kolbenhelm, daselbst; welche Art vorzuziehen, daselbst.
Herbstwässerung der Wiesen IIa. 81.
Heu, Vorheu IIa. 14.
— Prüfung desselben, ob es zum Einfahren hinlänglich trocken sey III. 73. bestes Erprobungsmittel hierüber III. 74.
— Vorsicht beim Abfahren desselben III. 76. Desgleichen beim Aufladen III. 77. Auswahl und Absonderung desselben gleich bei dem Einfahren für die verschiedenen Vieharten III. 80. u. f. Wo jede Art des Heues hinzubansen sey, und wie man es gegen Einsaugung der Ausdünstung des Viehes sichern könne III. 82. Vorsicht dabei III. 83. Ob das Heu aufgeladen, eine Nacht unter freiem Himmel stehen bleiben dürfe III. 85. Vorsicht bei Erndtung desselben bei nasser und ungünstiger Witterung III. 86. Ob es rathsam sey, trocknes Stroh schichtweise zwischen nasses Heu zu legen III. 89., oder Sandsteine III. 91., oder Salz einzustreuen III. 92.
— dessen Untersuchung von Zeit zu Zeit III. 94.
— Berechnung des gewonnenen III. 95. 101. f.
— Salzen desselben III. 96. nachheriger Gebrauch des gesalzenen Heues III. 99.

Heu, Ueberſparung deſſelben von einem Jahre auf das andere iſt rathſam III. 99.
— als Pferdefutter I. 179.
— Gebrauch des verdorbenen zum Miſte III. 89.
— Gewinnung III. 60. u. f. Einerndtung deſſelben III. 76. Aufbewahrung deſſelben III. 82. u. f.
Heubaum III. 77.
Heufeimen, Anlegung derſelben III. 92.
Heuharken III. 29.
Heuhaufen III. 70.
Zuſammenbringung derſelben III. 71.
Heuſchober ſ. Heufeimen.
Heuwage III. 95.
Heuwieſen IIa. 16.
Himptendröſcher III. 304. f.
Sind unter genauer Aufſicht zu halten III. 306.
Hinderniſſe des Ackerbaues IIa. 784.
Hinterarme am Wagen III. 40.
Hinterwagen III. 33.
Hirſe, als uneigentliche Halmfrucht IIa. 381. deren verſchiedene Arten IIa. 513.
Holländerey IIb. 94.
Holzerde, als Dünger-Surrogat IIa. 320. 330.
Holzleitern III. 43.
Holzwagen III. 43.
Holzweiden IIa. 11.
Honiggras dient zur Verbeſſerung natürlicher und zur Anlegung künſtlicher Wieſen IIa. 774.
Honigthau IIb. 295.
Hopfen IIb. 268.
Unterſcheidung deſſelben IIb. 269. u. f. Deſſen Fortpflanzung durch Fechſer IIb. 269. Auskeimen deſſelben, worauf hierbei zu ſehen IIb. 289.
— Kenntniß der Reife deſſelben III. 506.

Hopfen, Einerndtung und Aufbewahrung desselben III. 507. u. f.

Hopfenbau, Auswahl drs Bodens und Platzes dazu IIb. 273.

Hopfenberg, wie lange man solchen nutzen könne, und ob es gut sey, ihn immer an einem Platze zu lassen IIb. 300.

Hopfen=Dolden III. 511.

Hopfeneule IIb. 289.

Hopfenkammer III. 512.

Hopfen=Kasten III. 513.

Hopfenklee, als ein frühes Futterkraut IIa. 716. 774.
dient zur Verbesserung natürlicher und Anlegung künstlicher Wiesen.

Hopfenranken III. 507.
deren Benutzung III. 515.

Hopfenstangen III. 507.
deren Aufbewahrung III. 516.

Hopfenstichel IIb. 281.

Hopfenstöcke, alte, wie oft solche zu düngen IIb. 292.
— deren Unfälle und Krankheiten IIb. 294.
Mittel dagegen IIb. 296.

Hornabstoßen und Verhaltung dabei I. 347.

Hornkluft, Fehler der Pferde I. 249.

Hornspäne, als Dünger=Surrogat II. 320. 330.

Hornvieh, s. Rindvieh.

Hornviehstapel, Berechnung des Vortheils oder Schadens desselben für den Oekonomen I. 383. f.

Hörner, ob man den Hörnern des Rindviehes die Spitzen nehmen solle I. 358.

Hufe Acker IIa. 100. 103.

Huflattig IIa. 112.

Hühnerzucht I. 144.

Hülsenfrüchte, wovon sie ihren Namen haben IIa. 516.
Zu welchen Zwecken solche gebauet werden IIa. 517. Wie der Acker zu selbigen zu düngen IIa. 521. Wie und wann man dazu pflügen müsse IIa. 525. f. Wie und wann solche zu säen IIa. 527. Das Beduchsen oder das Begypsen ist ihnen ungemein zuträglich IIa. 576. Wie viel von jeder Art derselben in einen Morgen zu säen IIa. 530. Ob es rathsam, davon ein Gemenge verschiedener Art auszusäen, und welche sich am besten bei einander passen IIa. 532. f.
— Kenntniß ihrer Reife III. 108. u. f.
— warum man sie nicht völlig reif werden lasse III. 112.
— verschiedene Arten sie abzubringen III. 115. Welche Art des Abbringens für jede Fruchtart vorzuziehen III. 120. Müssen in Fröschen liegen III. 123.
— Mittel, die durchnäßten abzutrocknen, und wie man sich besonders in nassen Jahren bei deren Einerndtung benehmen solle III. 137.
Hunde, müssen zum Hamsterfangen abgerichtet werden IIb. 565.
Hungerharke III. 30.
Hungerquellen auf Wiesen, wie diese wegzubringen und zu nutzen sind IIa. 42.
Hungerquellen-Wasser, wie solches von den Aeckern wegzuschaffen oder abzuhalten IIb. 532.
Hut- und Trift-Gerechtigkeit in den Feldern ist dem Ackerbau nachtheilig IIa. 785. 792.

J.

Jagd, für einen Oekonomen nicht vortheilhaft I. 147.

Jammer, fallende Sucht, innerliche Krankheit der Schaafe I. 528.
— Wahrscheinliche Ursachen dieser Krankheit I. 529. Kennzeichen derselben, und Mittel dagegen, daselbst.
Jauche, s. Mistjauche.
Iltiß, dessen Nützlichkeit und Schädlichkeit II b. 573.

K.

Kabbus oder rothen Kopfkohl zu pflanzen II a. 638.
Kalb, ob es rathsam sey, solches an der Mutter saugen zu lassen I. 375. f.
— wie lange man es saugen lassen solle I. 377. Vorsichtsregeln bei dessen Entwöhnung I. 378.
Kalben, Vorsichtsregeln dabei I. 368. f.
Kälber, Krankheiten derselben, weißer Dreck und Teig=Maal und deren Heilung I. 378. 79.
Kalk, als Dünger=Vehikel II a. 39. 351. solchen bei Verbesserung des Bodens mit Nutzen anzuwenden II a. 556. f.
— als Mittel gegen das Blähen des Rindviehs I. 329.
— dessen Zubereitung I. 329. 30.
Kalkerde II b. 405.
Kalksalpeter II b. 455.
Kamm=Egge II a. 156.
Kämme III. 64.
— bei den Stoppeln der Feldfrüchte III. 128.
Karrn III. 31. 44.
Kartoffel II a. 379.
Kartoffelbau, und was dabei zu beobachten II a. 592. Zubereitung des Bodens dazu II a. 602. Düngung desselben II a. 604.
Kartoffeln, verschiedene Arten derselben II a. 594.

Kartoffeln, wo die bekannten Arten am besten zu pflanzen sind IIa. 599 ff. Welche Art man zur Viehfütterung zu bauen IIa. 602.
— über die verschiedenen Arten der Fortpflanzung derselben, und welche davon für den Oeconomen die zuträglichste sey IIa. 607. f.
Ankaufung fremder, oder in anders gearteten Boden gewachsener Saatkartoffeln IIa. 609. Verschiedenes Verfahren bei der Pflanzung, welches das zweckmäßigste, und welche Vorsicht dabei anzuwenden sey IIa. 611.
— zum Pflanzen, ihre Auswahl und gehörige Aufbewahrung IIa. 619. u. f.
Zerschnittene Kartoffeln zu pflanzen, wird widerrathen IIa. 622. Wann man sie pflanzen solle, und wie viel auf einen Morgen zu pflanzen IIa. 624. Woran man deren Reife erkennt IIa. 629. u. f.
— ob es rathsam sey, solche zum Verkaufe zu bauen, oder Land zum Kartoffelbau auszuthun IIa. 632. Ob es rathsam sey, zwischen den Kartoffeln eine andere über sich wachsende Frucht zu bauen IIa. 634. f.
— als Futter für das Rindvieh I. 281.
werden als Schweinefutter nicht empfohlen I. 431.
— deren Einerndtung III. 413.
Zeit dazu III. 414. Verschiedene Arten der Einerndtung III. 415.
— deren vorsichtige Aufbewahrung III. 417.
— deren mannichfaltige Benutzung III. 420.
— erfrorene und wieder aufgethauete, ob solche noch als Viehfutter zu benutzen III. 421.
— deren Zubereitung, um Brandtewein daraus zu brennen III. 603.
Kartoffelbrei, Einmaischen desselben III. 604.
— wie dessen Versetzung mit dem Schroote zu erwirken III. 606.

Kartoffelmaische, Stellen derselben III. 609.
Kartoffelhacke, eine Art Pflug, dessen Beschreibung, Nutzen und Anwendbarkeit II a. 171. 261.
Kartoffelkraut, das grüne, abzuschneiden, umzudrehen, oder zu zerknicken, ist schädlich II a. 630.
Kappe am Linz III. 39.
Kastriren der Schweine, s. Schweine.
Katzen, wie sie zu den Scheuren zu locken und dahin zu gewöhnen III. 235.
— Mausen nicht aus Hunger III. 395. Sind auf die Kornböden zuzulassen, aber nicht einzusperren III. 396.
Keilwalze II a. 158. 161.
Keimeleyen der Schäfer und Mittel dagegen I. 556. f.
Kempe, s. Zuchtkempe.
Kennzeichen der Hauptmängel der Pferde I. 220. f.
Kichern, als Hülsenfrucht II a. 382. wann sie zu säen II a. 424. Deren verschiedene Arten II a. 573. u. f. Wie viel davon auf einen Morgen zu säen II a. 531. u. f.
Kieselerde II b. 411.
Klai, Klaiboden II a. 106.
Klauen des Rindviehes, Abbrechung oder Verletzung der Spitzen daran, und wie dieser Schaden zu behandeln I. 347.
Klauenseuche des Hornviehes, deren Kennzeichen und Kur I. 347. u. f.
Klee, nöthige Vorsicht, wenn er dem Rindvieh gefüttert werden soll I. 277. f.
— ein gutes Futterkraut II a. 384. dessen verschiedene Arten, daselbst. Wann derselbe zu säen II a. 425.
— Spanischer, Sternklee, der Anbau desselben ist vorzüglich zu empfehlen II a. 734.

 Wo

und wie gute Kohlpflanzen zu erziehen, und wie man diese behandeln müsse II a. 642. Hauptfeinde der Pflanzen, und Vorkehrungen dagegen II a. 645. Zubereitung und Auswahl des zum Kohlbau bestimmten Landes II a. 648. f. Was für Dünger dazu nöthig II a. 649. Wie der Acker dazu gepflügt werden müsse, daselbst. Aufnehmen und Versetzen der Pflanzen II a. 650. f. Angießen derselben II a. 656. Verschiedene Art des Pflanzens II. a. 656. f. Ob es besser, den Kohl im Verbande, oder in Reihen zu verpflanzen II a. 657. f. Behacken des Kohls, daselbst. Wie dabei zu verfahren, wenn dieses mit der Pferdehacke geschieht, daselbst. Wie oft und zu welcher Zeit das Behacken geschehen müsse II a. 658. Mittel gegen die Raupen II a. 659. Abblättern des Kohls II a. 659.

Kohl, Einerdtung und Aufbewahrung desselben II a. 660. f.

— Einsäuren desselben II a. 662. f.

— wie viel zu bauen, und ob es rathsam, ihn zum Verkaufe zu bauen II a. 667.

— brauner, ob es rathsam, diesen bei großen Oekonomien als Viehfutter zu bauen II a. 670.

Kohlblätter, als Futter für das Rindvieh II a. 661. I. 279.

Einsauren derselben II a. 263. Einmachen derselben I. 282.

Kohlen, deren vorsichtige Aufbewahrung I. 94.

Kohlland, dessen Ertrag II a. 668.

Kohlpflanzen II a. 642.

Kohlrabi über der Erde II a. 669.

— unter der Erde II a. 378.

Kohlrüben II a. 676.

Kohlsaamen, Erziehung desselben II a. 664.

Kohlschneider I. 283.

Kolik der Pferde I. 201.

Kolik, Kennzeichen und Heilung derselben I. 202. f.
— des Rindviehs I. 287.
— deren Ursachen, Kennzeichen und Heilung sind angegeben I. 291.

Koller der Pferde und dessen Eintheilung I. 223. Kennzeichen desselben I. 224. u. f. Mittel dagegen I. 233.

Kolter am Pfluge IIa. 139.

Kompost, Düngungsmittel der Wiesen IIa. 84. dessen Zubereitung und Nutzen IIa. 301.

Kopfkohl, besondere Art, den zum Saamen bestimmten durchzuwintern III. 410.

Koppel, was solche sey IIb. 81.

Koppelhuden IIa. 15.

Koppelwirthschaft IIb. 81. worin diese von der Schlagwirthschaft unterschieden, und worin beide einander gleich, daselbst.
— was bei deren Einführung zu thun IIb. 83. Ueberlegungen, welche nach genauer Vermessung und vorsichtiger Bonitirung des Bodens anzustellen IIb. 85. Nebenkoppel IIb. 99. Es ist nicht rathsam, solche bei einzelnen Dorfschaften einzuführen IIb. 102. Wo solche mit Vortheil einzuführen IIb. 103.

Korn, wie mit mehrläufigen beim Mähen zu verfahren sey III. 114.

Kornankauf zur Brennerey, nöthige Vorsicht dabei III. 576.

Kornarten, taugliche, zum Brandteweinbrennen III. 575.

Kornbette, wie sie anzulegen sind III. 364. Ueberschlag des Inhalts derselben III. 367. Ebenung und Zeichnung derselben nach dem jedesmaligen Auf- und Abmessen, und Nutzen hiervon III. 365.

Kornbock, oder rothe Kornwurm III. 385.

Kornböden, zweckmäßige Anlegung derselben III. 345.
— Nöthige Geräthschaften darauf III. 357. Reinigung derselben, und öftere Untersuchung deren Dichtheit III. 359.
Kornböden-Aufseher, Mittel, solche gehörig achtsam zu machen III. 398.
Kornböden-Polizey I. 116. f.
Kornfege s. Kornweife.
Kornfeinde und deren verschiedene Arten III. 384.
Mittel, selbige abzuhalten III. 386. Ob es Vertilgungsmittel derselben gebe, und welche die zweckmäßigsten und anwendbarsten sind III. 388. u. f.
Kornreuter III. 385.
Kornsäcke, leere, wo solche aufzubewahren III. 357.
Kornschaube, Kornschiebe, ein Scheuergeräthe III. 290.
Kornsperre, wie ein guter Oekonom, wenn solche zu erwarten, sich zu verhalten III. 524.
Kornweife, Kornfege oder Staubmühle, ein Scheurengeräthe III. 292.
Kornwurm, weiße III. 384.
— schwarze 385.
— rothe, daselbst.
Krähe, ist als unschädlich nicht zu verfolgen II b. 575.
Krankheiten der Pferde, s. Pferde.
— der Kälber, s. Kälber.
— der Schaafe, s. Schaafe.
— der Schweine, s. Schweine.
Krätze bei dem Rindvieh, s. Grind.
— bei den Schweinen, s. Grind.
Krapp II b. 365.
Dessen verschiedene Arten, daselbst. Boden dazu und dessen Zubereitung II b. 367.

Krapppflanzung, deren Anlegung und Behandlung IIb. 370.
Krappwurzeln, eingeerndtete, deren Behandlung, bis sie Kaufmannsgut werden, und deren Auswahl IIb. 376.
Kreideboden IIa. 107.
Krimpmaaß III. 404.
Wenn, und unter welchen Umständen solche zu gestatten. III. 405. Wie solche zu berechnen III. 406.
Krippen, und welche die besten sind I. 169. u. f.
Krötenbinse, wird von den Schaafmeistern für die Ursache des Faulfressens der Schaafe gehalten I. 498.
Krummstroh, als Futter für die Kühe I. 276.
Kühlbottig III. 668.
Kühlfässer in der Brennerey, und Gruften dabei III. 538.
Kühlschiff III. 665. 66.
Kuh, Regeln, welche bei Anschaffung derselben zu beobachten I. 360.
— Regeln, deren Alter zu erforschen I. 361.
— Eigenschaften einer guten Zuchtkuh I. 364. 65.
— wie lange sie zur Zucht brauchbar I. 365. 66.
— die beste Zeit, selbige bespringen zu lassen I. 366. 67.
— wie lange sie trägt I. 369.
— wie man gute Kühe erhalten könne I. 359.
Kuhblume, ein Unkraut IIb. 620.
Kuhstall, Einrichtung desselben I. 268. f.
Besorgung des Oekonomen darin I. 110. u. f.
Worauf der Oekonom in selbigem zu achten I. 286.
Kümmel, ein Handelskraut IIb. 248.
Boden dazu, dessen angemessene Zubereitung und Düngung IIb. 249.
— wann und wie solcher zu säen, und wie viel davon auf einen Morgen einzustreuen IIb. 250.

Kümmel, Kennzeichen, dessen Reife und Einerndtung desselben III. 498.
— dessen Ausklopfen, Reinigen und Aufbewahrung III. 499.
Kümmelsaamen, nöthige Vorsicht bei dessen Auswahl II b. 251.
— Behandlung desselben nach dem Aufgehen der Pflanzen II b. 252.
— Behandlung desselben nach der ersten Erndte II b. 253.
Kunstwaid II b. 346.
Kurwei, Krankheit des Rindviehes I. 348.
Mittel dagegen, daselbst.

L.

Lade beim Dröschen III. 302.
Lagerbier III. 707.
Welche Bierart dazu am paßlichsten, daselbst.
Lamm, s. Schaafe.
Lampe, muß in der Brauerey seyn III. 666.
Landhaushaltung III. 525.
Langstiegen III. 145.
Langwagen III. 40.
Laternen, müssen in den Oekonomien gehörigen Orts aufgehängt, und dürfen daselbst nicht offen gebraucht werden I. 92.
Laub, als Dünger-Surrogat II a. 320. 24.
Lauge, zur Reinigung der Bütten, wie solche zu bereiten III. 589.
Lähmung der Pferde I. 206. f.
Im Lendenmuskel I. 207. Im Fesselgelenke I. 209. Im Fuße oder Hufe I. 210.
Läuse bei dem Rindvieh und Mittel dagegen I. 355. f.
Läuter, Lutter III. 541.

Läuter, stärkerer, wie von diesem und halben Weine Brandtewein zu machen III. 620.
Läuterblase in der Brennerey III. 538.
Läutertonnen, oder Vorlagen III. 558.
Leede, Laide, Leite IIa. 97.
Leberkrankheit des Rindviehes und Mittel dagegen I. 339 ff.
Legden s. Reine.
Leggen s. Reine.
Lehm, Lehmen IIa. 106.
— sandigter, daselbst.
Lehmwände aus abgerissenen Gebäuden, als Dünger-Surrogat IIa. 320. 324.
Leier am Pfluge, Schriek auch Pflugwette IIa. 136.
Lein- oder Oel-Kuchen, als Winterfutter fürs Rindvieh I. 275.
Leinsaamen oder Flachs IIa. 388.
— ob dazu frisch zu düngen, und was für Dünger dazu zu wählen sey IIb. 220.
— Ist vorsichtig auszuwählen IIb. 224. Kennzeichen des guten, dessen gehörige Prüfung und nöthige Vorsicht beim Ankaufe IIb. 225. Ob es rathsam, solchen selbst anzuziehen IIb. 232 ff. Wie er zu säen IIb. 234. Wie viel davon auf einen Morgen zu säen IIb. 235.
Leiter, lange, auf der Scheuer III. 288.
Leiterbaum III. 40.
Letten IIb. 418.
Licht, damit darf niemand auf dem Hofe, in den Ställen, Scheuern und auf den Böden frei herumgehen I. 93. 237.
Licht-Material, Vorsicht beim Zutheilen, und Verhütung des Mißbrauchs desselben I. 237.
Linimentum volatile (flüchtige Kampfersalbe), deren Zubereitung I. 208.
Linsen, als Hülsenfrucht IIa. 382.
wenn solche zu säen IIa. 424.

Linsen, deren verschiedene Arten II a. 569.
Die größere Pfenniglinse, Französische Linse, daselbst.
Die kleinere Linse II a. 570. Boden dazu II a. 570. Wie solcher zu pflügen, daselbst. Wie viel davon auf einen Morgen zu säen II a. 532.
Linz, eiserne III. 39.
Löffel am Siget III. 16.
Lohe, rothe, eine sehr gefährliche Krankheit der reifenden Anispflanze II b. 264.
— Krankheit des Hopfens II b. 294.
Lucerne, Vorsicht bei deren Anbau II a. 753.
Ob der Bau derselben zu empfehlen, und wo? II a. 755. Boden dazu II a. 753. Verfahren bei Anlegung und Besaamung eines Lucernen-Kamps II a. 756. Weitere Behandlung derselben II a. 758. Benutzung derselben II a. 759. Einsammeln des Saamens und Vorsicht dabei II a. 761.
— Schwedische, und Hopfen-Lucerne II a. 760.
— Anbau derselben auf Wiesen II a. 45.
— Uebel, daß solche im heißen Sommer, wenn sie zum zweitenmale gehauen ist, zuweilen trift, und Mittel dagegen II a. 760.
Luftdünger IIa. 332.
Luftmalz zum Brandteweinbrennen III. 578.
— zur Brauerey III. 676.
— gewöhnliche Kornart dazu III. 578. dessen Zubereitung III. 578 ff. und 676.
Luftröhre, wo solche anzulegen III. 532.
Lungen und Lebern, geschwürige, bei den Schweinen I. 451 ff.
Kennzeichen dieser Krankheit, daselbst. Mittel dagegen I. 452.
Lutiren, vorsichtiges, oder Verkleben des Helms an der Blase III. 613. Was dazu zu nehmen, daselbst.

M.

Maaßhaken am Siget III. 17.
Maaßstab, als Brennereygeräthe, muß am Kühlfasse hängen III. 560.
Mahl= oder Quell=Sand IIb. 423.
Mais, eine höchst nutzbare uneigentliche Halmfrucht IIa. 490.
— dessen verschiedene Arten IIa. 492. Wo er am besten zu bauen IIa. 493. Welche Art besonders in den nördlichen Gegenden zu bauen sey IIa. 498. Wie viel in einen Morgen zu säen, und wie man die Pflanzen bis zur Erndte behandeln solle IIa. 500.
— gemeiner IIa. 492.
— großer, daselbst.
— weißer IIa. 493.
— Chilischer, daselbst.
Maiskörner, Mittel, solche aus den Kolben zu bringen IIa. 499.
Maische, Meesche III. 541.
Abbrennen derselben III. 596.
— Stellen, Anstellen derselben III. 599.
Deren Behandlung bis zum wirklichen Uebertreiben III. 612.
Maisch= oder **Mösch**=**Hölzer**, als Brennerey=Geräthschaften III. 561.
Malz, und dessen verschiedene Arten III. 578.
Das Getraide dazu ist vorsichtig auszuwählen III. 674.
— dessen Behandlung, ehe es zum Schroten auf die Mühle gebracht wird III. 681.
— Schroten desselben, und nöthige Vorsicht dabei III. 683.
Malzboden III. 672.
Malzdarre III. 581. 678.
Anlegung derselben III. 582. 679.

Malzmachen III. 578. 673.
Beste Jahreszeit dazu III. 677.
Malzstein, ein nöthiges Braugeräthe III. 665.
Malztenne III. 671.
Mangoldarten II a. 378.
Mannagras, dient zur Verbesserung der natürlichen Wiesen, und wird zur Anlegung künstlicher Wiesen empfohlen II a. 774.
Marder, deren Nützlichkeit und Schädlichkeit, und verschiedene Arten II b. 571.
Marschen II a. 10.
Maststall bei einer Brennerey, und dessen Anlegung III. 538 ff.
— Vorkehrungen und Vorrichtungen darin III. 571.
Mastung der Schweine s. Schweine.
Mastvieh, welche Art desselben den höchsten baren Geldgewinn bringt III. 635.
Mathematik, dem guten Oekonomen unentbehrlich I. 55.
Mauke, bei ihrer Entstehung auch Struppe genannt, Hautkrankheit der Pferde I. 217.
Bei alten Pferden unheilbar I. 218.
Bei jungen Pferden zu curiren, Mittel dagegen, daselbst.
Maulseuche, äußere Krankheit des Rindviehes, und deren Heilung I. 350 ff.
Maulwurf, welchen Schaden derselbe auf den Wiesen anrichtet II a. 19.
— dessen Verjagung II a. 43.
Maulwurfsfalle, daselbst.
Deren Beschreibung II a. 47.
Maulwurfshügel auf den Wiesen sind zu ebnen II a. 36.
Maulwurfsjäger II a. 43.
Deren Art, die Maulwürfe zu fangen II a. 50.
Mauth (Muth) III. 691.
— dessen Benutzung III. 709.

Maykäfer, dessen Schädlichkeit IIb. 598. Vertilgung desselben IIb. 601 ff. Beschreibung der mehrmaligen Verwandlung dieses Insekts IIb. 598. 99.
Mayrübe IIa. 383.
Mähen der Wiesen III. 63.
— ob es besser sey, solches im Verding oder im Tagelohn thun zu lassen III. 66.
Mäher, Anstellung derselben III. 63.
Mästung mit Brandteweinswäsche III. 635.
Mäuse, deren verschiedene Arten IIb. 553.
— sind im Felde schädlich IIb. 554.
— man muß im Frühjahre nachsehen, ob welche da sind IIb. 556.
— Mittel, solche im Felde zu vertilgen, daselbst u. 257. Auf den Kornböden III. 391.
— ob sie in den Feimen zu fürchten sind III. 283.
— natürliche Feinde derselben IIb. 555.
Mäusebohr IIb. 556.
Mäusefallen IIb. 558. III. 392.
Mechanik, deren Kenntniß ist dem Oekonomen nützlich I. 57.
Melken der Schaafe, wird widerrathen I. 490.
— muß wenigstens nicht zu lange geschehen I. 592.
Menagerie I. 145.
Menge- oder Meng-Korn, in Oberdeutschland Misch- oder Mischel-Korn IIa. 577.
— Dessen verschiedene Arten, und die verschiedenen Zwecke, warum man es bauet, und wie das Verhältniß jeder Fruchtart dabei seyn muß IIa. 578 ff. Vorsichtsregeln bei dem Bau und Benutzung desselben IIa. 583.
— dessen Benutzung als Heu IIa. 589.
Mergel, als Dünger-Vehikel IIa. 351.
— auf welche Art mit selbigem bei Verbesserung des Bodens verfahren werden müsse IIa. 363.
Mergeln, wie solches mit Nutzen geschehe IIa. 367.

Milbe oder Milse, Feind des Oelsaats III. 385.
Milch, die lange blaufleckige, blutstreifige, eine Krankheit der Kühe I. 330.
— Ausmittelung und Heilung dieser Krankheit I. 331 ff.
Milzbrand, innerliche Krankheit des Rindviehes I. 287.
— dessen Ursachen, Kennzeichen und Heilung I. 291 ff.
Mineralogie, ist dem Oekonomen sehr nützlich I. 59.
Minirer, oder Maulwurfspflug IIa. 184.
Ein nicht zu empfehlendes Werkzeug, daselbst.
Mist IIa. 281.
Eintheilung desselben in kräftigen und minder kräftigen IIa. 282. In hitzigen und kalten, daselbst. Zweckmäßige Bereitung desselben IIa. 284. Mittel, guten und kraftvollen Mist zu erlangen IIa. 286. Wie viel Fuder Mist ein Stück Vieh jeder Art in einem Jahre machen könne IIa. 294 ff. Wie dessen Menge zu überschlagen IIa. 303 ff. Wann derselbe auf den Acker zu fahren IIa. 334. Was bei dem Aufladen, Mistfahren und Abladen zu beachten IIa. 335. 339. Was bei dem Miststreuen zu beobten IIa. 341 ff.
— wie viel 100 Schaafe des Winters im Stalle machen I. 524.
— von verdorbenem Heu wird sehr kräftig III. 89.
Mistflechten III. 33.
Mistgrube IIa. 286.
Wie solche zweckmäßig anzulegen und einzurichten, daselbst u. ff.
Mistjauche, Uebergießung des Mistes mit selbiger IIa. 292.
Düngung der Wiesen mit selbiger IIa. 38.
Mist-Magazin im Felde, dessen Anlegung und Auseinanderfahren IIa. 336. 341.

Mistschlägel, wie solcher beschaffen seyn müsse IIa. 339.
Mistwagen und dessen Theile III. 43.
— der Herrendienste sind zu untersuchen IIa. 338.
Mithuben IIa. 15.
Mittel, dem Futtermangel vorzubeugen und abzuhelfen, s. Futtermangel.
— gegen entstandene Fäulniß in den hölzernen Milch- oder andern Gefäßen I. 105. f.
Mittelflachs, wann er zu säen IIb. 237.
Mittelrücken, hohe, sind schädlich IIa. 244. sind mit Behutsamkeit fortzuschaffen IIa. 245.
Mohn oder Mahn, auch Magsaamen IIa. 388.
— verschiedene Arten desselben, die weiße und graue mit verschlossenen Kapseln sind die besten IIb. 176. Wie er zu säen, und wie viel davon auf einen Morgen zu säen IIb. 181. Boden dazu, und Düngung desselben, daselbst. Kennzeichen der Reife desselben III. 445. Wie er abzuerndten, ebendaselbst. Wie er bis zur völligen Reinigung zu behandeln, daselbst.
— blauer oder schwarzer, ob es rathsam sey, ihn anzubauen IIb. 177.
— gefüllter, ebendaselbst.
Mohrrüben und deren verschiedene Arten IIa. 382. s. Möhren.
Möhren, Nutzung derselben als Viehfutter IIa. 673. verschiedene Arten derselben IIa. 674. Erlangung des Saamens IIa. 679. Boden dazu IIa. 685. f. Zubereitung desselben IIa. 687. Zubereitung des Ackers, zum Bau der aus freier Hand gesäeten Möhren IIa. 696. Wie viel Möhren-Saamen auf einen Morgen zu säen IIa. 698. Ob und wie zu den Möhren zu düngen IIa. 700. Wann und wie man Möhren in das Braachfeld säen solle IIa. 701. Behandlung des Möhren-Ackers IIa. 703. Ertrag desselben IIa. 706. Wenige Gefahren des Möh-

renbaues, daselbst. Gäten und Reinigen der Möhren IIa. 706. Feinde der jungen Möhrenpflanzen IIa. 707. Einerndtung, Aufbewahrung und Nutzung der Möhren IIa. 710.
Möhren, ob es rathsam sey, Mohnsaamen darunter zu säen IIa. 710.
Mondblindheit, Hauptfehler der Pferde I. 236.
Ist nicht leicht zu bemerken, und artet am Ende in gänzliche Blindheit aus, daselbst.
Moorhirse, als uneigentliche Halmfrucht IIa. 381. 512.
deren verschiedene Arten IIa. 514.
Moor- oder Bruch-Weiden IIa. 10.
Moor- oder Bruch-Wiesen IIa. 12.
Moos IIa. 112.
— in den Wiesen, wie solches wegzuschaffen IIa. 39.
Morgen Ackerland IIa. 99.
— dessen Größe und Eintheilung IIa. 101.
Möschkrücke, Brennerey-Geräth III. 562.
Mutterpferd, s. Stute.
Mutterschaafe, wann sie am besten zu den Böcken zu lassen I. 486.
— Wie sie im Winter zu behandeln I. 502. f. Müssen durchs Melken nicht geschwächt werden I. 489. Sollen wenigstens nicht zu lange gemelkt werden I. 592.

N.

Nabe am Rade III. 38.
Nachgang beim Brandtewein III. 627.
Wie derselbe zu benutzen, daselbst. Fernere Benutzungsarten desselben III. 654.
— dessen Manipulation, um Essig daraus zu machen III. 656.

Nachgangs-Tonnen, Geräthe in der Brennerey III. 558.

Nachgeburt, wie solche bei den Kühen fortzubringen I. 374.

Nachharke III. 147.

Nachheu, Nachmat oder Grummet IIa. 14.

Naturgeschichte, nützlich dem Oekonomen I. 57.

Nebenwissenschaften, welche dem Oekonomen nützlich sind I. 53.

Nettegras, s. Krötenbinse.

Neubrüche, Neureiten IIa. 98.

Nissen am Erndtewagen III. 39.

Nösel, s. Gelänge.

O.

Oberhefen III. 706.

Oberwagen III. 53.

Ochsen, sind zum Pflügen mit Nutzen zu gebrauchen IIa. 247.
Ob überall und wo IIa. 249.
— Beurtheilung derselben, wenn sie zur Brandteweinsmast aufgestellt werden sollen III. 637. Vorsicht beim Ankauf derselben III. 640. Aufstallen und Vorbinden derselben und ferneres Verfahren dabei III. 645. f.
— fette, von deren Verkaufe, und wie deren Preis auszumitteln III. 648.

Ochsenschuh, wie man mit diesen Bergwiesen düngen könne IIa. 44.

Oehlhaltigen Saamen tragende Früchte, Ueberlegung, welche bei deren Bau zu machen IIb. 169.
Abtheilung derselben IIb. 175.

Oehlrettig IIa. 388. IIb. 117.

Oehlsaat, Unterschied zwischen Sommer- und Winter-Oehlsaat II b. 175. u. f.
— Auswahl und Zubereitung des Bodens dazu II b. 179. Wie, und wie viel davon auf einen Morgen zu säen II b. 181. u. f.
— welche Art man bauen solle II b. 187.
— Feinde derselben II b. 190.
Mittel dagegen II b. 191.
— Abbringung, Einerndtung und Behandlung derselben III. 426. u. f.
— Pflanzen, deren Behandlung II b. 186.
Oekonom muß die Krankheiten der Pferde zu heilen verstehen I. 195.
— Benehmen desselben gegen Untergebene I. 65.
Vorsichtsregeln dabei I. 69.
Oekonomie, deren Definition I. 5.
Nöthige Vorkenntnisse und Nebenwissenschaften bei selbiger I. 7. 29. 53. f.
— deren Eintheilung I. 5. 8. 29.
Mittel zu deren Erlernung I. 34. f.
— deren Entstehung, und auf welche Art sie zu einer Wissenschaft geworden ist I. 13. f.
— deren Nutzen und Wichtigkeit I. 47—51.
— wissenschaftliche, deren Zweck II a. 122.
Ofengabel, als Brennereygeräthe III. 562.
Ofenruß, als Dünger II a. 39. 320. 329.
Ohrmaalen der Schaafe I. 562.
Ohrtstroh I. 523.
Ortstein II b. 419.

P.

Padde, Krankheit des Rindviehs s. Blähen des Rindviehs.
Panzer, oder schwarzer Kornwurm III. 385.
Wie er zu verhüten III. 386. Ist schwer zu vertilgen III. 388.

Pastinaken, auch Balsternacken und Hammels-möhren genannt IIa. 383 u. 692.
Boden zu deren Anbau IIa. 693. Wie solche zu säen, daselbst. Deren Eintheilung in die runde und schlanke, und welche von diesen Arten zu bauen IIa. 694. Deren Einerndtung, Aufbewahrung und Benutzung IIa. 694.
Perlsand oder Grand IIb. 423.
Pettig I. 347.
Pfaff III. 690.
Pfanne, kupferne, ein nöthiges Braugeräthe III. 665.
Pfannenstein vom Salzwerke, Versuche damit IIa. 42.
Pferchen, wie viele Schaafe in einer Nacht einen Morgen Acker gehörig pferchen I. 579.
Pferde, worauf bei dem Ankauf derselben zu sehen I. 246.
— Alter derselben, wie solches zu erkennen I. 251. Zuziehung derselben wird empfohlen I. 254. Es ist rathsamer, die Füllen anzukaufen, als von eigenen Stuten zu erziehen I. 256 ff. Welches das beste Alter zum Ankaufe sey I. 257. Ob es besser sey, ein Hengst- oder Stuten-Füllen, oder ein bereits gelegtes Füllen zu kaufen I. 259. Behandlung und Erziehung der Füllen I. 259 ff. Wie lange die Füllen saugen müssen I. 265. Behandlung der jährigen Füllen I. 268.
— müssen oft gewaschen, abgeschwemmt, gestriegelt und gereinigt werden I. 173.
— Prüfung, ob solches geschehen sey I. 174. Streu der Arbeitspferde I. 175. Fütterung derselben I. 176 ff. Welches Getreide dazu am besten I. 184. Grünes Futter ist für Arbeitspferde nicht rathsam I. 185.
— Gesundheit derselben muß untersucht werden I. 194.

Pferde, Krankheiten derselben I. 197 ff.
Pferde- oder Sau-Bohnen, wie solche anzubauen II a. 536 ff.
Pferdehacke, bei welcher Art Boden solche zu gebrauchen II a. 199. 201. 271.
Pferdehillen oder Raufen müssen nicht zu hoch und zu weit seyn I. 170.
Pferdekrippen, wie sie beschaffen seyn müssen I. 169.
müssen gehörig gereinigt werden I. 179.
Pferdeschwengel III. 35.
Pferdestall, dessen Einrichtung I. 166 ff.
muß oft gereinigt und durchlüftet werden I. 110. 171. 172.
Pferdezucht I. 143.
Beschaffenheit guter Zuchtpferde I. 260. Beste Zeit zum Belegen der Stuten und Vorsicht dabei I. 261. Mittel, zu erfahren, ob die Befruchtung geschehen sey I. 262.
Pflanzen s. Kohl und Rüben.
Pflug, und dessen verschiedene Gattungen II a. 130.
— dessen nöthige Erforderniße II a. 132. Beschreibung desselben und seiner Theile II a. 130. 133 ff. Dessen Stellung II a. 149.
— Ahrendscher Saatpflug Exstirpator II a. 178. Dessen Einrichtung, großer Nutzen und allgemeine Anwendbarkeit, daselbst u. ff.
— Reol-, Rigol-, oder Doppel-Furchen-Pflug II a. 150.
— Schmalscher und Baileyscher II a. 175. Deren Vorzüge vor den gewöhnlichen Pflügen, nebst Bemerkungen über deren Anwendbarkeit, daselbst u. ff.
— ungarischer, wird benutzt, die Wiesen zu ebnen II a. 67.
*Pflugbalken, Pflugbaum, Grindel II a. 137.
Pfluggestellchen II a. 135.

Pflughaken IIa. 171.
Pflughaupt, Pflugkopf, auch Pflugsohle genannt IIa. 140.
Pfluglade IIa. 135.
Pflugreute (Plaug = Rühe) IIa. 144.
Pflugschaar, Hintereisen, Pflugeisen IIa. 141.
Pflugschleppe IIa. 143.
Pflugstirz (Stert), daselbst.
Fehler derselben IIa. 146 ff.
Pflugwaage IIa. 137.
Pflugweede oder Grengelkette IIa. 138.

Pflügen, Nutzen davon IIa. 213.
Benennung der verschiedenen Arten des Pflügens, IIa. 215 ff. Vorbereitendes Pflügen, daselbst. Zur Saat pflügen, daselbst. Das Auseinander = Pflügen IIa. 216. Das Zusammen-Pflügen, daselbst. Braachpflügen, daselbst. Stoppeln, Falgen, Falgepflügen, Stürzen IIa. 217. Wie es zweckmäßig geschehen solle IIa. 221 ff.
— Worauf dabei zu achten IIa. 228 ff.
Wie es an starken oder steilen Abhängen geschehen solle IIa. 232 ff. Wie oft und wie tief man pflügen solle IIa. 234 ff. In die Queere zu pflügen und zu eggen ist nützlich, es muß jedoch mit Vorsicht geschehen IIa. 241 ff.
— ob solches mit Pferden oder Ochsen zu verrichten vortheilhafter sey IIa. 246 ff.
— rechte Zeit dazu IIa. 265 ff.

Physik, nützlich dem Oekonomen I. 57.
Physiologie ist gleichfalls dem Oekonomen nützlich, daselbst.
Pilze IIa. 112.
Pimpernelle oder Bibernelle, als Futterkraut IIa. 385.

Platten, eiserne, am Ende der Nabe III. 39.
Platthufigkeit, Fehler der Pferde I. 249.

Pocken, Hautkrankheit der Schaafe I. 538.
Präservativ dagegen, daselbst.
Polizey des innern Haushalts I. 90.
— des äußern Haushalts I. 91.
Posen, oder Bunde rohen Flachses III. 460.
Prellen oder Prellken der Hülsenfrüchte III. 136.
Privativweiden IIa. 11.
Privativwiesen IIa. 13.
Probedrusch, und wie solcher mit Vorsicht anzustellen III. 319.
Probesäen des Saatkorns IIa. 395.
Probierglas, als Brennereygeräth III. 562.
Puls, Beurtheilung desselben bei den Pferden I. 199. 200.

Q.

Queken, was diese sind IIb. 617.
deren Vertilgung IIb. 618. f.
Queken-Egge IIa. 202.
Quetschungen und Verwundungen, wie diese zu behandeln I. 353.

R.

Raalsieb, ein Kornboden-Geräthe III. 358.
Rabe, ist als unschädlicher Vogel nicht zu verfolgen IIb. 575.
Radehaue, deren Nutzen und Zweck IIa. 260. f.
Radkränze III. 39. 51.
Rad-Reppel III. 463.
Räder am Erndtewagen III. 38. 49.
Räude oder Grind der Schaafe I. 539. f.
dessen Ursachen und Heilung I. 540. Ist nicht ansteckend I. 541.
Raigras, Englisches und Französisches, dient

zur Verbesserung natürlicher und zur Anlegung künstlicher Wiesen II a. 774.
Rappsaat II a. 378. 388.
Wie er zu säen II b. 183.
Raspe oder das Spree, eine unheilbare Hautkrankheit der Pferde I. 216.
Ratten, wie man ihnen den Aufenthalt in den Scheuern verleiden solle III. 193.
wie sie wegzufangen III. 194.
Rattenfalle III. 393.
Raubzehndten III. 160.
— ist abzuschaffen III. 161.
Rauchfang oder Rauchmantel muß rein gehalten werden I. 93.
Rauchfutter oder Owet II a. 589.
Rechen s. Harke.
Rechnen, als unentbehrlich für den Oekonomen I. 55.
Reeken, als Wiesenbefriedigung II b. 537.
Wie sie anzulegen und zu erhalten II b. 540.
Welche Stauden dazu zu nehmen II b. 541.
Rees, was es sey I. 266.
Gutes Fohlenfutter, daselbst.
Refrigerator, Abkühler, auch Kondensator oder Verdichter genannt III. 554.
Regenwasser, herabfließendes von höher liegenden Aeckern und Wiesen, wie solches abgehalten und fortgeschafft werde II b. 531.
Regenwürmer, sind jungen Pflanzen höchst schädlich II b. 612.
Mittel dagegen II b. 613.
Register über das Korn III. 321.
Reine oder Legden II a. 102.
Reppeln des Flachses III. 465.
Verschiedene Arten der Reppeln, daselbst.
Reppelbaum, daselbst.
Repps oder Rübsen, wie viel davon auf einen Morgen zu säen II b. 184.

Repps oder Rübsen, wie solcher zu säen, und der Boden dazu zu düngen IIb. 183. 84.

Reutersalbe, Mittel, gegen die Läuse bei dem Rindvieh I. 355.
Deren Zubereitung I. 356.

Revision der Erndtewerkzeuge vor der Erndte IIII 57 ff.

Rhabarber IIb. 388.
Boden dazu, daselbst. Deren Bau ist bei Oekonomien nicht wohl anwendbar, daselbst.

Ribben und Hecheln des Flachses III. 477. 494.

Rieden, Reutfelder, Roden, Rottland IIa. 98.

Riedgras IIa. 112.

Rieselwiesen IIa. 68.
Deren Anlegung, daselbst.

Rigolen oder Regolen IIa. 373.

Rindvieh, Wartung und Reinigung desselben I. 272 ff.
— Fütterung desselben I. 274.
Trockene Fütterung desselben I. 275. 76. Nasse Fütterung, daselbst. Grüne Fütterung desselben, und was dabei zu beobachten I. 277. Herbstfütterung, und was man dabei wohl inacht zu nehmen habe I. 279.
— Kennzeichen der Gesundheit I. 287.
— Krankheiten desselben, daselbst u. ff.
Verhärtungen im Euter, wie diese zu heben I. 343. Verhärtungen und Geschwüre an den Kinnladen oder auf der Luftröhre, deren Ursachen, Kennzeichen und Heilung I. 344.
— wie es zu behandeln, wenn es sich einen spitzen oder scharfen Körper in die Klauen getreten I. 345.
— wie es zu behandeln, wenn es sich einen Dorn oder Nagel eingetreten I. 346.
— ob es nützlich, die Spitzen von dessen Hörnern abzunehmen I. 358.

Rindvieh, ob es besser, sich großes oder kleines zu halten I. 379.
— wie viel zu halten I. 381.
Rindviehstapel, wie ein Oekonom denselben zu bekommen und zu erhalten suchen solle I. 359.
Rindviehzucht I. 143. 44.
Rinnen in der Brennerei, müssen von Tannenholz seyn III. 558.
Müssen deren 2 darin seyn III. 666.
Rinnenknecht, als nöthiges Braugeräth, daselbst.
Risteln oder Risten des Flachses III. 475.
was dabei zu bemerken III. 493.
Ristelwocken, daselbst.
Roggen, eine mit Nutzen zu bauende Halmfrucht IIa. 380.
— wann derselbe zu säen IIa. 423. Boden dazu IIa. 426. 452.
— verschiedene Arten desselben IIa. 451.
— wie er mit Vortheil zu bauen, und wie er zu behandeln, um gute Erndten zu haben IIa. 452. wann er zu säen IIa. 454. Wie viel davon auf einen Morgen zu säen IIa. 455. Welche Roggen-Art zu bauen sey IIa. 456. Kennzeichen der Reife desselben III. 108.
— als Pferde-Futter I. 184.
Roggenstroh, ist das beste zum Häckfel I. 186.
Röhren, welche die besten III. 531.
Röhrengang, was vor dessen Anlegung zu erwägen, daselbst.
Rothbüchenholz taugt nicht zu Recken IIb. 540.
Rotten des Flachses III. 469.
Nöthige Vorsicht dabei III. 479. Trocknen des gerotteten Flachses III. 482.
Rotz, eine fast unheilbare Pferde-Krankheit I. 219.
Kennzeichen derselben werden angegeben I. 220.
Rummelrüben s. Runkelrüben.

Rundstiegen III. 145.
Rungen am Hinterwagen III. 39.
Runkelrüben IIa. 674.
Wie deren Saamen zu erziehen IIa. 680. Boden dazu IIb. 686. Erziehung der Pflanzen IIb. 688. Wie viel man Saamen aussäen müsse, um für einen Morgen Pflanzen zu erziehen, daselbst. Behandlung der Pflanzen IIb. 690. Einerndtung und Aufbewahrung derselben IIb. 694. Benutzung derselben als Vieh-Futter II b. 696.
— sind zum Brandteweinbrennen nicht zu empfehlen, geben aber guten Syrup IIb. 696.
— Abblatten derselben wird gerathen, daselbst.
Rüben, verschiedene Arten derselben IIa. 674.
Erlangung des Saamens IIa. 679. Boden dazu IIa. 685. Zubereitung desselben IIa. 687. Zeit der Aussaat IIa. 702. Erziehung der Pflanzen IIa. 688. Bearbeitung derselben IIa. 690. Zubereitung des Ackers zum Bau der aus freier Hand gesäeten Rüben IIa. 696. Wie viel Rübensaat auf einen Morgen zu säen IIa. 698. Ob, und wie zu den Rüben zu düngen IIa. 700. Wann, und wie man Rüben in das Braachfeld säen solle IIa. 601. Behandlung des Rübenackers IIa. 703. Ertrag derselben IIa. 706. Gefahr und Feinde des Rübenbaues IIa. 706. 707.
— dem milchenden und andern Rindvieh ein angenehmes und zuträgliches Futter I. 280. IIa. 673.
Rübenschneider I. 283.
Rübsaat oder Rübsen IIa. 388.
Dessen Aussaat und Bau IIb. 184.
Rückenblut, eine innere Krankheit der Schaafe, und deren Heilung I. 352 ff.

S.

Saat, ob man sie tief oder flach unterbringen, oder nur obenauf säen solle IIa. 420.

Saatfrüchte, wie solche vorsichtig aufzubewahren III. 186.

Saatkorn, dessen Auswahl, Aufbewahrung und Prüfung IIa. 390.
Vorsicht bei dessen Ankauf und Eintausch IIa. 396. Zubereitung desselben IIa. 400.

Saatroggen III. 109.

Säen, das, wie solches zu verrichten, um den Saamen gehörig zu vertheilen IIa. 406 ff.
— Wie viel man einsäen, und ob man seine Aecker dünn oder dick besaamen solle IIa. 411 ff.

Säh-Horn IIa. 187. 190. 261.
Ist dem Bohnensäer vorzuziehen IIa. 190. Dessen Gebrauch IIa. 191.

Sackzehndten III. 159. 60.

Säge, muß im Bierkeller einer Brauerey vorhanden seyn III. 668.

Saflor, was dieser sey IIb. 314.
Dessen Bau und Behandlung IIb. 315. Drillsäen desselben wird angerathen IIb. 316.

Saflorblumen, Einerndtung und Aufbewahrung derselben IIb. 317.

Saflorsaamen, dessen Einerndtung und Aufbewahrung, daselbst.

Safran IIb. 307.
Dessen zwei Hauptarten, daselbst. Welchen Boden derselbe verlange, und wie er mit Erfolg zu bauen IIb. 308. Wie derselbe zu erndten und aufzubewahren IIb. 313.

Salze IIb. 445.
Deren vier Arten IIb. 448.

Salz, Gebrauch desselben beim Heu III. 96.
— — — bei der Fütterung des Rindviehs I. 314.

Salz, in die Trinkgefäße der Pferde I. 188.
Salzen der Schaafe ist da, wo kein Steinsalz ist, nicht anzurathen I. 640.
— der Aenger ist nicht anzurathen, daselbst.
Sand IIa. 105. IIb. 404.
— verschiedene Arten desselben IIb. 423.
Sandboden IIa. 107.
— tragbarer, daselbst.
— todter, Flugsand, daselbst.
Saugetrokar I. 658.
Sauharke s. Hungerharke.
Sausterbe III. 146.
Schaafe, verschiedene Arten derselben im nördlichen Deutschland I. 468.
— Verfahrungsart, um veredelte oder Spanische Schaafe zu erlangen I. 472.
— Mutterschaafe, derselben Qualität I. 479. Woran man das Alter und die Gesundheit derselben erkenne I. 479 ff. Wie lange solche mit Nutzen zur Zucht zu gebrauchen sind I. 485. Wann die Böcke zu selbigen zu lassen I. 486. Vorsichtsregeln beim Lammen I. 487.
— Behandlung derjenigen, die nicht säugen wollen I. 488.
Wie lange die Lämmer saugen müssen I. 489.
— ob es zuträglich sey, sie zu melken I. 489. Behandlung der entwöhnten Lämmer I. 491. Zeit des Aushammelns und Coupirens der Zibben-Lämmer I. 492. Warum das Coupiren geschehe I. 494. Was mit den Spätlingen anzufangen I. 495.
— Vorsichtsregeln bei dem Weiden derselben I. 495. Was sie in den nassen Weiden tödtet I. 498. Ob man sie auch in den Feld- und Stoppel-Weiden zu Tode hüten könne I. 499.
— die beste Zeit zum Ausmerzen zum Verkauf I. 500. Wann und wie das Schnittvieh zu verkaufen I. 501.

Schaafe, deren Winterfütterung I. 502. Bemerkungen darüber I. 514. Gewöhnliche Fehler der Schaafmeister dabei I. 504. Vorsichtsregeln, welche ein guter Oekonom beim Anfange der Winterfütterung der Schaafe genau zu beobachten hat I. 506.
— Aufstallung und Abtheilung derselben im Winter I. 508.
Behandlung eines jeden Haufens, und über die bei veredelten Schaafen anzuwendende Vorsicht I. 510. Was vom geschnittenen Futter zu halten sey I. 516. Gebrauch des abgefressenen Strohes I. 522.
— gewöhnliche Krankheiten derselben und Mittel dagegen I. 524.
— Mittel, selbige gesund zu erhalten I. 542.
— beste und zweckmäßigste Art sie zu zeichnen I. 560.
— nöthige Achtsamkeit bei dem Lammen und Krepiren derselben I. 565.
— was bei dem Baden oder Waschen derselben zu beobachten I. 567. Rechte Zeit dazu, daselbst.
Schaafmeister, Mittel, denselben am sichersten anzutreiben, selbst für die Gesundheit des Viehes mit zu sorgen, und auch auf die Knechte genau zu achten I. 544.
— Von der besten Art, sich mit dem Schaafmeister zu setzen I. 545 ff. Auseinandersetzung mit einem abgehenden, wie sie am besten geschehe I. 549. Die beste Zeit des Jahrs, den Schaafmeister und die Knechte in den Dienst zu nehmen und daraus zu entlassen I. 554. Die beste Art, sich mit den Erben eines außer der Zeit sterbenden Knechtes oder Schaafmeisters auseinander zu setzen I. 555.
Schaafschuh, wie man mit diesen Bergwiesen düngen kann II a. 44.
Schaafstall, Anlegung desselben und Vorsicht dabei I. 465.

Schaafstall, Ausmisten desselben I. 520.
Schäferey, was dabei zu beobachten I. 464.
Ob es rathsam sey, sie zu vergrößern, daselbst. Arten derselben I. 474. Zuchtschäferey, daselbst. Erhaltung und Verbesserung derselben, daselbst. Eintheilung einer Zuchtschäferey I. 475. Mittel, eine gute Schäferey zu erhalten, und eine schlechte zu verbessern I. 476.
— güste, wo es rathsam sey, sie zu halten I. 575. Behandlung und nöthige Vorsicht bey Ergänzung derselben, I. 576. Vergleichung einer güsten und Zuchtschäferey I. 577.
— Nutzen derselben, und worin solcher bestehe I. 578 ff.
— Rechnung, bequemste Zeit, solche abzuschließen I. 564.
— Berechnung deren Ertrages I. 593 ff.
Schäferknechte, wie diese mit in das Interesse der Schäferey zu ziehen I. 551.
Schälpflug oder Rasenschäler, dessen Nutzen und Anwendbarkeit II a. 165.
Scharfegge II a. 153.
Schaufeln, hölzerne, als Scheuerngeräthe III. 219.
Schaufelpflug, dessen Gebrauch und Anwendbarkeit II a. 182.
Scheefe von Flachs III. 478.
Benutzung derselben III. 492.
Scheerbäume an der Walze II a. 157.
Scheeren der Schaafe, was vorher, bei und nach demselben zu beobachten I. 586 ff.
Scheeren an der Walze II a. 157.
Scheiden an den Wagenleitern III. 53.
Schellkraut, Geldworth, wirksames Mittel bei Leberkrankheiten I. 338.
Wo solches zu finden I. 340.
Scheuren, Anlegung und Einrichtung einer guten III. 188.

Scheuren, Platz dazu III. 189. Boden derselben, wie solcher beschaffen seyn müsse, um den Ratten den Aufenthalt zu verleiden III. 192. Nach welchen Weltgegenden die Anlegung derselben, und wo möglich der Thüren, geschehen müsse III. 194. Ob es besser sey, auf einer großen Oekonomie mehrere kleine, oder einige große Scheuren zu bauen III. 195.
— deren innere Einrichtung III. 197. Ausmittelung des erforderlichen Raums derselben für eine bestimmte Haushaltung III. 200 ff. Ob es gut sey, alle Balken darin ganz durchgehen zu lassen III. 209. Ob es besser sey, hölzerne oder steinerne Scheuren anzulegen III. 212. Welche Dächer dafür zu wählen III. 213. Wie in den Scheuren Zugluft anzubringen sey. III. 217. Einrichtung der Thüren, und wie man deren unerlaubte Oeffnung verhüten könne III. 229.
— Untersuchung und Reinigung derselben vor Einscheurung der Früchte III. 237.
— Hebeanstalt in denselben III. 251.
Scheuren-Polizey, worin sie besteht I. 114 ff.
Schienen am Rade III. 39.
Schierbottich mit einem Losboden, ein nöthiges Braugeräthe III. 665. 687.
Schierstein III. 665.
Schierstöcke III. 688.
Schilf, als perennirendes Unkraut IIb. 616. Mittel dagegen IIb. 617.
Schimmel, Krankheit des Hopfens. IIb. 294.
Schinkel III. 33. 48.
Schlachter, wie man sich gegen deren Chikanen bei dem Verkaufe des fetten Viehes sichern könne III. 651.
Schlag, was solcher sey IIb. 81. Außenschläge IIb. 99. Binnen-Schläge, daselbst.

Schlag, Rulirung desselben II b. 104.
— Derulirung desselben II b. 107.
Schlag=Wirthschaft II b. 81.
Wie solche von der Koppel=Wirthschaft verschieden, und worin sie mit derselben gleich ist, das. Was bei deren Einführung zu thun sey II b. 83. Von den Ueberlegungen, welche nach genauer Vermessung u. vorsichtiger Bonitirung des Bodens anzustellen II b. 85. Was vor der Bestimmung der Anzahl und der Lage der sämmtlichen Schläge zu beherzigen ist II b. 87. Welches die beste Anzahl der Schläge sey II b. 95. Es ist rathsamer, Schläge als Koppel anzulegen II b. 100. Deren Einführung bei einzelnen Dorfschaften ist nicht rathsam II b. 102. Wo solche mit Vortheil eingeführt werden können II b. 103.
Schlammerde, als Dünger=Surrogat II a. 320. 324.
Schlammgruben, deren Anlegung, Unterhaltung und Nutzen II b. 546 ff.
Schlammkiste, wo solche anzulegen III. 523.
Schlange im Kühlfasse III. 549.
Wohin bei deren Verfertigung zu sehen III. 550.
Mittel, dieselbe zu reinigen III. 551.
Schleife, ein Niederländisches Ackerwerkzeug II a. 160.
Schleiffensen III. 26.
Schlepper am Pfluge II a. 146.
Schliepkel I. 326.
Schlösser, welche die besten Vorhängeschlösser, und wo solche zu haben sind III. 355.
Schnecken, kleine graue, sind dem Garten= und Ackerbau höchst schädlich II b. 610.
Mittel dagegen II b. 611.
Schneet, Stiel des Sigets III. 16.
Schneidekammer I. 169.
Schneidelade, zum Futterschneiden für das Mastvieh, als Brennereygeräth III. 563.

Schneiden der Schweine s. Schweine.
Schnittkohl IIa. 639.
Schober III. 92.
Nöthige Untersuchung desselben von Zeit zu Zeit III. 94.
Schöfe III. 301.
Schöpfrad bei Berieselung der Wiesen zu gebrauchen IIa. 75.
Schornsteine, müssen feuerfest seyn, und so oft als nöthig, gekehrt werden I. 93.
Schotentragende öhlhaltige Früchte III. 426 ff. Ob sie völlig auf dem Halme reifen müssen, bevor man sie schneidet III. 427. Kennzeichen ihrer Zeitigung III. 428. Verschiedene Arten sie zu schneiden oder zu mähen, und wird das Schneiden mit der Sichel empfohlen, daselbst u. f. Zu welcher Tageszeit sie zu mähen und zu binden sind III. 431. Ob es besser, die gemäheten in kleinen ungebundenen Haufen liegen, oder aber aufbinden und aufstiegen zu lassen III. 433. Verschiedene Arten sie auszudröschen III. 435. Ob es zuträglicher sey, die Oehlsaat im Felde, oder in der Scheuer ausdröschen zu lassen III. 440. Reinigung und weitere Behandlung derselben. III. 442.
Schreibekunst, erforderliche Vorkenntniß des Oekonomen I. 54.
Schreckpfähle sind nützlich IIb. 545.
Schroot von Gerste oder Bohnen, als Kuhfutter I. 276.
— ob das trockne den Mastschweinen schade I. 437.
— als Fütterung für die Säue I. 407.
— zum Brennen, dessen Aufbewahrung III. 587.
— es ist rathsamer, dieses dem Brenner zuzuwiegen als zuzumessen III. 589.
Schroten des Korns und des Malzes III. 585.
Beides darf nie zusammen geschroten werden

III. 586. Es ist rathsam, dem Müller das zu schrotende Korn zuzuwiegen III. 584.
Schroten, gewöhnliche Betrügereien der Müller dabei, und Mittel, solche zu entdecken III. 585.
Schröpfen des Weizens und Roggens wird widerrathen II a. 457.
Schuhe von Ochsen, Schaafen, Ziegen und Schweinen, als Dünger-Surrogat der Bergwiesen II a. 44.
Schüttgäffeln, ein Scheurengeräth III. 290.
Schutt von Baustellen, als Dünger-Surrogat II a. 320. 330.
Schwaade III. 135.
Warum es gut sey, die Sommerfrüchte in Schwaaden vor dem Aufbinden eine Zeitlang an der Erde liegen zu lassen III. 135. 36.
Schwarzdorn ist gut zu Reeken II b. 541.
Schwarze Rübe II a. 678.
Schwärze, Krankheit des Hopfens II b. 295.
Schwefeldampf, Mittel, die Mäuse im Felde zu vertilgen II b. 557.
Wie damit zu verfahren, das.
Schweine, eine nöthige Viehart für den Landhaushalt I. 390.
— Verhältniß deren zu haltenden Zahl zur Braugerechtigkeit der Oekonomie I. 426.
— rechte Zeit, solche zu verkaufen I. 427.
— rechtes Alter zur Mastung derselben I. 428.
Beste Jahreszeit dazu I. 430. Womit sie auf einer großen Oekonomie am rathsamsten zu mästen sind I. 431. Die besten Kornarten zur Mastung I. 433. Mittel, die Freßlust der Mastschweine zu erregen I. 435. Wie oft ein Schwein täglich zu füttern, und von der Beschaffenheit des Futters I. 436. Ob trocknes Schrot den Mastschweinen schade I. 437. Wie viel Zeit und Korn zur Mästung eines Schweins gehöre I. 438. Ob es für eine Land-

wirthschaft vortheilhaft sey, zum Verkauf Schweine zu mästen, und wann I. 439.
Schweine, deren gewöhnliche Krankheiten, Ursachen und Heilung I. 440 ff.
Schweinehaus, dessen Einrichtung I. 391 ff.
Schweinemeister oder Hirten müssen unter strenger Aufsicht seyn I. 454 ff.
Schweineschuh als Düngungsmittel für Bergwiesen II a. 44.
Schweinestall, dessen Einrichtung I. 112.
— Besorgung des Oekonomen darin, daselbst.
Schweinezucht I. 144.
— ob es unbedingt vortheilhaft und rathsam sey, eine große zu halten, und Schweine zum Verkauf zuzuziehen I. 390. 91.
— wie solche zu erhalten und zu verbessern I. 425.
— Berechnung, ob Schaden oder Vortheil dabei sey I. 457.
Schweizer-Hornvieh I. 380.
Schwemmungen der Wiesen II a. 65.
Schwemmwiesen II a. 80.
Wo solche anzubringen, und wie dabei zu verfahren, daselbst u. ff.
Schwenk III. 38.
Schwenk- oder Schwangwerk III. 35. 52.
Schwenkwagen oder Schwangwagen III. 32.
Schwielen, eine Krankheit der Schweine I. 453.
Deren Kennzeichen, Ursachen und Heilung, daselbst.
Schwingebrett III. 493.
Schwingen des Flachses III. 492.
Sech, Vordereisen, Messer am Pflug III. 193.
Seepflanzen, als Dünger-Surrogat II a. 320. 330.
Seggenwiesen II a. 16.
Seidenbau paßt nicht für große Oekonomien I. 145.

Seife, ist dem Wasser, welches zum Brandtewein-brennen gebraucht wird, höchst schädlich III. 596.
Seil am Erndtewagen III. 57.
Sense III. 13.
Klinge daran III. 20. Haken daran, daselbst. Stiel oder Baum daran III. 20. 21. Zapfen am Sensenbaum, daselbst. Deren verschiedene Vorrichtungen III. 22.
— Schärfen derselben III. 25.
Seuchen des Viehes, und Mittel, deren Entstehung und Verbreitung vorzubeugen I. 162 ff.
Sichel III. 13. 26.
Ist entweder Grassichel oder Getreidesichel, daselbst.
Siget oder Sich, Mähwerkzeug III. 13.
Dessen Gestalt und Gebrauch III. 14. Klinge desselben, wie solche beschaffen seyn müsse III. 15. Zapfen oder Haken desselben, daselbst. Ring desselben III. 16. Gebrauch desselben III. 18.
— Schärfen desselben III. 25.
Sinnlichkeit, ein Hauptcharacter der Bauern I. 67.
Sommer-Bewässerung der Wiesen II a. 82.
Sommerfeld, wie solches zu pflügen II a. 227.
Sommerfrüchte II a. 434.
Wie viel dazu gepflügt werden müsse II a. 220. Müssen in Schwaden liegen III. 135. Im übrigen s. Früchte und Feldfrüchte.
— wie bei dem Durchnässen der zum Einfahren aufgesetzten zu verfahren III. 137.
— Einfahren derselben, und was dabei zu beobachten III. 148. Aufladen derselben III. 150.
Sommeröhlsaat, wann sie zu säen II a. 424.
Boden dazu II a. 425. Wie solche von der Winteröhlsaat verschieden II b. 175. Wie solche zu säen, und wie viel davon in einen Morgen zu säen II b. 181 ff.

Sommerroggen IIa. 431. 451.
Sommerweizen IIa. 434.
Sattel s. Gelänge.
Spaden IIa. 126.
Spanischer Klee IIa. 734.
Spark, Spörgel oder Knöterich IIa. 385.
Spätflachs IIb. 237.
Wann derselbe zu säen, daselbst. Behandlung desselben bis zur Erndte IIb. 238. Haupthindernisse des Gedeihen des Flachsbaues IIb. 242.
Spatt, ein Fehler der Pferde I 248.
Speichen am Rade III. 39. 50.
Spelz, als Halmfrucht IIa. 380. 438.
dessen Anbau ist wegen seiner Ergiebigkeit anzurathen IIa. 446. Gerbung desselben IIa. 447. Wie viel auf einen Morgen zu säen IIa. 449.
Sperling oder Spatz, ist den Feldern und den Oekonomiehöfen schädlich IIb. 591.
Verfolgen die Raupen und Käfer nicht IIb. 592. Verordnungen dagegen IIb. 592. Leichte Vertilgungsart derselben IIb. 594.
Spille am Pfluge IIa. 135.
Spitzhacke IIa. 127.
Spörgel IIa. 385. 775.
Dessen Anbau und die dabei nöthige Vorsicht, daselbst. Boden dazu IIa. 776. Wie viel in einen Morgen zu säen, und wann er zu säen IIa. 777.
Sprachkunde, nützlich dem Oekonomen I. 53. f.
Springochse, s. Stier.
Spunden, ein Vorrath davon muß im Bierkeller einer Brauerey seyn III. 668.
Stachelwalze IIa. 160.
Stall, Pferdestall, ob man offenes Licht oder brennende Pfeifen darin dulden dürfe I. 92.

S. übrigens Pferdestall, Kuhstall, Schaafstall und Schweinestall.

Stallfütterung ist für das Pferde- und Rindvieh besser als die Weide I. 157. f.

Stallfütterungs-Wirthschaft, was sie sey, und worin sie von den übrigen Wirthschaftsarten verschieden IIb. 127.

Worin solche mit der Wechselwirthschaft übereinkömmt, und worauf dabei das Augenmerk vorzüglich zu richten IIb. 130.

Stallpolizey I. 108. f.

Stange oder Deichsel an der Walze IIa. 157.

Stärke-Fabriken, gehören nicht ausschließlich in die Städte IIb. 144.

Stauden-Roggen IIa. 451.

Steckrüben IIa. 675.

Stertwurm oder Stirzwurm, äußere Krankheit des Rindviehs, wie solche entdeckt und geheilt wird I. 351. f.

Stehender Zehndten III. 159.

Steifschwengel III. 36. 45.

Steifwagen III. 32.

Steifwerden der Lämmer, Krankheit derselben I. 535.

deren Ursache und Verhütung, daselbst.

Steingallen bei den Pferden, wie solche zu verhüten I. 192.

Steinkohlen sind beim Brandteweinbrennen zu gebrauchen III. 565.

wie auch bei der Brauerey, und muß alsdann der Rost danach eingerichtet werden III. 670.

Stellbottich III. 666.

Sternklee IIa. 734.

Stichheber als Brennereygeräthe III. 562.

Stielschaufeln, müssen deren zwei in der Brauerey sey III. 666.

Stier, Bulle, muß mit der Art des Viehes, welches er bedienen soll, in Verhältniß stehen I. 359.
— Erfordernisse und Eigenschaften desselben I. 362. f.
— ist nur bis in das 6te Jahr seines Alters brauchbar I. 363.
Stirzwurm, s. Stertwurm.
Stolz, Hauptcharakter der Bauern I. 68.
Stoppeln III. 128.
dürfen beim Abmähen der Früchte nicht zu lang gelassen werden, daselbst. Nachtheile davon werden angegeben, daselbst u. 129.
Straßenkoth, als Dünger-Surrogat IIa. 320.
Strecken, s. Pflügen.
Streeke oder Streicher III. 25.
Streichhaken am Pfluge IIa. 150.
Streu für Arbeitspferde I. 173.
Streuung des Viehes muß reichlich geschehen I. 161.
Strichbrett am Pfluge IIa. 142.
Strick, s. Gelänge.
Striegeln der Pferde I. 174.
Probe, ob das Striegeln, Putzen und Schwemmen gehörig geschehen sey I. 174. 175.
Stroh, nöthige Aufbewahrung und ökonomische Verwendung desselben III. 322.
Strohdocken am Dache sind nicht zu empfehlen III. 204
Strohmist, guten und kräftigen zu machen IIa. 298.
Stute, trächtige, deren Behandlung I. 262.
Nöthige Vorsicht zur Zeit des Herannahens des Werfens I. 263. Regeln wegen der Wasserblase I. 264.
Subordination, strenge, Hauptmittel zur Handhabung einer guten Haushaltspolizey I. 122. f.

Subordination, Mittel, selbige einzuführen und zu erhalten I. 128. f.
Surrogate des Düngers, s. Dünger=Surrogate.
Süßholz, wird seiner Wurzel wegen gebauet IIb. 381.
Was es ist, und was bei Anlegung einer neuen Pflanzung von selbigem zu beobachten IIb. 383. Zurichtung des Bodens dazu IIb. 385. — dessen Einerndtung, Behandlung und Aufbewahrung IIb. 386.

T.

Taback IIa. 378. IIb. 321.
Dessen verschiedene Arten IIb. 322. Boden dazu IIb. 328. Wie der Saamen und die Tabackspflanzen gut zu ziehen IIb. 324. Wie bei dem Verpflanzen zu verfahren, und nöthige Vorsicht dabei IIb. 328. Wie die jungen Pflanzen bis zu der Erndte einschließlich zu behandeln IIb. 330.
Tabackspflanzen, einige Krankheiten und Feinde derselben IIb. 335.
Ursachen der Krankheiten und Vertilgung der Feinde, daselbst.
Talkerde oder Bittererde IIb. 403. 408.
Tauben sind dem Ackerbau schädlich, und daher deren Anzahl zu vermindern IIb. 586.
Taubendreck als Dünger auf Wiesen IIa. 39. 329.
Taubenhaus, wie solches zu bauen IIb. 589.
Taubenzucht I. 144.
Teig=Maal, Krankheit der Kälber, deren Entstehung und Heilung I. 379.
Teich=, Rand und Masch=Wiesen IIa. 16.
Teichschlamm, Teicherde, als Dünger=Surrogat IIa. 320. 321.

Tellerrübe, s. Mairübe.
Teller, gehörig zur Blase in der Brennerey III. 559.
Thalweiden IIa. 11.
Thalwiesen IIa. 35. 12.
Behandlung derjenigen die der Ueberschwemmung ausgesetzt sind IIa. 35. 36.
Behandlung derjenigen, die der Ueberschwemmung nicht ausgesetzt sind IIa. 37. f. Düngung derselben IIa. 38.
— wie die darin befindlichen sauren Stellen auszubessern IIa. 39.
Thierarzney oder Veterinär-Kunst, dem Oekonomen unentbehrlich I. 60. 195.
Thierarzt, es ist rathsam, diesen in Jahrgehalt zu nehmen I. 196.
Thiergarten I. 145.
Thon IIa. 105.
— dessen Bestandtheile IIb. 414.
— dessen Hauptarten IIb. 416 ff.
Thonerde IIb. 403. 409.
Töpferthon, Ziegelthon IIb. 416.
Torf IIa. 18.
Torfstechen ist auf Bruchwiesen, die anders gar nicht genutzt werden können, rathsam IIa. 18. 32.
Tormentill, wo solcher wächst, ist kümmerlicher Boden IIa. 112.
Träbern III. 693.
Deren Benutzung III. 709.
Träbernsäure III. 693.
Tränkung des Viehes muß nicht zur Unzeit geschehen I. 161.
— der Pferde, welches Wasser ihnen am angenehmsten und zuträglichsten I. 187.
— Von diesem Wasser muß immer Vorrath im Stalle seyn I. 188.

Tränkung der Pferde, wie und zu welcher Zeit es geschehen müsse I. 189.
Treite III. 471.
Treiten des Flachses, daselbst.
Treten auf die Krone, eine Verwundung der Pferde und deren Heilung I. 212 ff.
Trichter, kupferner, gehörig zu der Blase in der Brennerey III. 559.
— hölzerner, muß im Bierkeller einer Brauerey vorhanden seyn III. 667.
— kupferne und blecherne, müssen im Bierkeller einer Brauerey vorhanden seyn III. 668.
Triften IIa. 102.
Triftgerechtigkeit in den Ackerfeldern, und deren nachtheiliger Einfluß auf den Ackerbau IIa. 103. 792.
Trockenlegen moorigter Wiesen IIa. 28 ff.
Nöthige Bemerkungen dabei IIa. 33.
Mittel, die Säure aus selbigen zu entfernen IIa. 31.
— des Ackerbodens IIa. 372.
Trocknen des gerotteten Flachses III. 483.
Trokar, Troikar I. 326.
— dessen Anwendung, daselbst u. ff.
— welcher bei Heilung der Drehlinge gebraucht wird, dessen genaue Beschreibung I. 657.
— dessen gehöriger Gebrauch I. 659. Vorsichtige Aufbewahrung dieses Instruments I. 659.
Trommelsucht, Krankheit des Rindviehs s. Blähen des Rindviehes.
Trutenzucht I. 144.
Türkischer Weizen IIa. 490.

U.

Ueberflutungen der Wiesen IIa. 65.
Wie solche vorzunehmen IIa. 70 ff.
Ueberhütung der Roggen= und Weizenblade im Frühjahre IIa. 780.
Wird widerrathen IIa. 781.
Ueberrieselungen der Wiesen IIa. 70.
Wie solche vorzunehmen, daselbst.
Ueberschlagung der einzuerndtenden Früchte III. 261.
— der Quantität der auf der Dröschtenne liegenden geworfelten Früchte III. 340.
— der Menge, der auf den Boden in Betten liegenden Früchte III. 367 ff.
Ueberschwemmungen, gelinde, der Wiesen IIa. 70.
Unkraut, was darunter zu verstehen, und wie die Unkräuter eingetheilt werden IIb. 614.
— jähriges, wie solches zu vertilgen IIb. 615.
— perennirendes, mit geflügelten Saamen IIb. 616.
Wie dessen Verbreitung zu verhüten IIb. 620.
Unterbrett am Wagen III. 41.
— am Erndtewagen, daselbst.
— am Mistwagen III. 43.
— am Holzwagen, daselbst.
Unterhefen III. 705.
Unterpflügen des Saatgetraides IIa. 488. u. ff.
Untersuchung, ob es besser sey, von Oehlsaat, Flachs, Futterkräutern und behackten Braachfrüchten den Zehndten in Natur zu ziehen oder Geld dafür zu nehmen III. 175 ff.

V.

Veranschlagungs- oder Taxations-Kunst, ökonomische I. 29.
Verdingen des Pferdebeschlagens, und was dabei zu beobachten I. 193.
Verdünstung des Wassers von den Wiesen II a. 30.
Verhärtungen im Euter des Rindviehes; Kenntniß und Heilung derselben I. 343 ff.
— an den Kinnladen, auf der Luftröhre, oder unterm Halse des Rindviehes, deren Ursachen, Kennzeichen und Heilung I. 344. 45.
Verkaufung der Felderzeugnisse und was dabei zu beobachten III. 521.
Wie ein Oekonom sich helfen solle, wenn er der Orts und anderer Verhältnisse wegen sein Korn in der Nachbarschaft nicht verkaufen kann und selbst keine Brandteweinbrennerei hat III. 523.
Verletzung der Spalten zwischen den Klauen des Rindviehes I. 349.
Versenkung des Wassers auf den Wiesen II a. 29.
Vertilgungskunst, ökonomische II b. 523.
Verwalter, ungetreue, ob es zuverlässige Mittel gebe, solche zu controlliren III. 400 ff.
— muß von der Herrschaft mit Achtung und Auszeichnung behandelt, gehörig besoldet, und ihm Zutrauen geschenkt werden III. 402 ff.
Verwundungen s. Quetschungen.
Vieh-Ankauf und nöthige Vorsicht dabei I. 156 ff.
Viehstall, welche Eigenschaften derselbe haben müsse I. 159 ff.
Viehstand, wichtiger Zweig des Landhaushalts I. 164.

Viehstand, muß unter strengster Aufsicht gehalten werden I. 164.
Viehstapel, Mittel, solchen ohne großen Aufwand zu verbessern I. 154.
Viehzucht, Lehre davon I. 27. 141.
— wichtiges Stück des Landhaushalts I. 148 ff.
— luxuriöse I. 143.
— ökonomische, daselbst.
— Womit sich beide Arten von Viehzucht beschäftigen, daselbst u. ff.
Viehzuchts-Wissenschaft I. 142.
Vierfelder-Wirthschaft IIb. 34.
— deren Entstehen IIb. 27. Deren Eintheilung in reine und vermischte IIb. 34.
— reine IIb. 66.
— Benennung der vier Felder IIb. 67. Verfahren bei derselben, und Vorzug, welchen diese vor der Dreifelder-Wirthschaft hat, IIb. 67 ff.
— gemischte IIb. 72 ff.
Wo solche am besten einzuführen, daselbst. Vorzüge derselben und Folge der Arbeiten IIb. 76. Wie die Koppel- und die Wechsel-Wirthschaft von der Vierfelder-Wirthschaft verschieden ist IIb. 79.
Vinometer, als Brennereygeräthe III. 563.
Vögel, ob sie den Feimen schaden können III. 283.
Vogelzunge, wilder Buchweizen, auch Buchwinde genannt IIa. 507.
Vollhufigkeit bei Pferden I. 249.
Wodurch sie zu verhüten I. 192.
Vorarbeit zum Brauen, worin solche bestehe III. 686 ff.
Vorderachse III. 33.
Vordereisen am Pfluge, Sech, Säge, auch Messer genannt IIa. 139.

Vordergestell am Pfluge, woraus solches bestehe IIa. 134.
Vorderschwengel III. 35.
Vorderwagen III. 33.
Vordröscher III. 303.
Vorling IIa. 100.
Vormäher III. 65.
Vorwand, Vorwende IIa. 101.
Vorwende- oder Vorwett-Recht IIa. 102.
Vorwett s. Vorwende.

W.

Waage zum Heu III. 95.
Wagen, Eintheilung derselben III. 32 ff.
Zweckmäßigkeit derselben III. 31.
Waid, als Handelskraut IIa. 378. IIb. 338.
Boden zu dessen Anbau und dessen Zubereitung, daselbst. Wie, und wann solcher zu säen IIb. 341.
— wilder IIb. 340.
Waidmühle IIb. 346.
Waidpflanze, wie solche zu behandeln und zu nutzen IIb. 344.
Walche der Hülsenfrüchte III. 136.
Waldwiesen, und deren Behandlung IIa. 13. 52.
Wällefutter I. 511.
Walmdächer III. 211.
Sind bei Scheuren nicht zu empfehlen III. 212.
Walze IIa. 127.
— die gemeine, woraus diese besteht IIa. 156.
— hölzerne, daselbst.
— steinerne, daselbst.

Walze, die hölzerne ist der steinernen vorzuziehen, IIa. 156.
Walzen, Nutzen desselben IIa. 157.
— Wie es zweckmäßig geschehen solle, und worauf dabei zu achten IIa. 258 ff.
Wannen IIa. 98.
Wäsche vom Brandtewein III. 635.
Wozu solche zu gebrauchen, daselbst.
Wäschegruft III. 562.
Wo solche anzulegen, und Vorsicht dabei III. 563.
Wasser, wildes, ist aus der Wäschegruft entfernt zu halten III. 563. 572.
— als ein veränderlicher Bestandtheil des Bodens IIb. 436.
— gutes, zum Tränken für die Pferde, wie es beschaffen seyn müsse I. 188.
— dessen Ableitung auf sumpfigen, bruchigen und moorigen Wiesen und Weiden IIa. 28 ff.
— Versenken oder Abfangen desselben, IIa. 30.
— Verdünsten desselben, und wie solches zu bewerkstelligen, daselbst.
Wasserboten III. 464.
Wasserfurchen=Pflug mit doppelten Sech= und einfachen Streichbrett IIa. 166 ff.
Dessen Nutzen und Anwendbarkeit, das.
Wasserkessel in der Brennerey, dessen vorsichtige Einmaurung III. 546. 48.
Wasserrad, wo und wie solches zur Berieselung der Wiesen anzulegen IIa. 74 ff.
Wasserschöpfer mit Stielen, müssen deren 2 in der Brauerey vorhanden seyn III. 666.
Wässerung der Thalwiesen IIa. 37.

Wau, Gelbkraut, Streichkraut, Fieberkraut, Haarstrang und Wiede genannt IIb. 347.
— Boden dazu, daselbst.
— wann er zu säen, und wie viel davon auf einen Morgen zu säen, daselbst.
— dessen fernere Behandlung IIb. 348.

Wechselwagen, und dessen Nutzen beim Einernd-ten III. 155.

Wechsel-Wirthschaft, was diese sey, worin sie mit der Schlag- und Koppel-Wirthschaft übereinkomme, und worin sie von derselben ver-schieden IIb. 112.
— wie solche zu betreiben IIb. 114.
— wo sie am rechten Orte, und wo und von wem sie mit Erfolg betrieben werden könne IIb. 120 ff.

Weede am Erndtewagen III. 41.
Wehwinde, kleine, Ackerwinde, ein perennirendes Unkraut IIb. 616.
Mittel dagegen IIb. 617.

Weiden-Aenger, was diese sind IIa. 9.
— deren Eintheilung in natürlicher Hinsicht IIa. 10.
— deren Eintheilung in rechtlicher Hinsicht IIa. 11.

Weiden-Kultur IIa. 26 ff.
Wein-Blase in der Brennerey III. 538.
Größe derselben III. 617.
Weinen, das, oder das Halbwein-Machen III. 617.

Weißbier, wovon solches zu bräuen III. 685.
Weißbier-Brauerey, Nutzungs-Anschlag derselben III. 699.

Weitzen, als Halmfrucht IIa. 380.
— dessen verschiedene Arten IIa. 436 ff.

Weitzen, Einkälken desselben vor der Aussaat IIa. 400.
— Brand in selbigem IIa. 405.
— Boden dazu IIa. 425. 439.
— wann derselbe zu säen IIa. 423.
— welche Art man bauen soll IIa. 443 ff.
— wie viel davon auf einen Morgen zu säen IIa. 448.
— Kennzeichen der Reife desselben III. 110 ff.
— dessen Nutzen IIa. 434.

Weitzendröscher III. 110.

Weitzen-Stroh, ist brauchbar zu Häcksel I. 186.

Wendeschemel III. 38. 47.

Weserbaum III. 42.

Wicken, als Hülsenfrucht IIa. 382.

Wicken und deren verschiedene Arten II a. 560. 561.
— deren Bau und Boden dazu IIa. 561.
— wie viel davon auf einen Morgen zu säen IIa. 531. 562.
— wann sie zu säen IIa. 563.
— welche Art man bauen solle IIa. 569.
— Zeit zum Abbringen III. 112.
— gemeine Sommerwicken IIa. 560.
— als Futterkraut IIa. 562.
Deren Anbau IIa. 563.
— Französische IIa. 567.
— zweijährige IIa. 561.

Wickfutter IIa. 774.

Wiebel, Provinzialname des rothen Kornwurms III. 385.

Wiesen, deren Definition IIa. 9.
— deren Kultur und Nützlichkeit IIa. 26.

Wiesen, deren Eintheilung und verschiedene Benennungen II a. 10 ff.
— Befriedigung derselben II b. 537.
— Behandlung der Moorwiesen II a. 17 ff. 28.
— Behandlung der trocknen und bergigt liegenden Wiesen II a. 42 ff.
— Behandlung der Thalwiesen II a. 35.
— natürliche und künstliche II a. 14.
— ein= und zweischürige II a. 86.
Wann sie gemähet werden müssen, daselbst.
— zweischürige sind den einschürigen vorzuziehen II a. 87.
— dreischürige, wo solche Statt haben können II a. 88.
— Behüten derselben II a. 53 ff.
— Mähen derselben, und Warnung dabei II a. 89. III. 63.
— Aberndtung derselben III. 61.
— deren neue Besaamung, welche Vorsicht dabei anzuwenden II a. 44.
— und Weiden=Bau I. 27.

Wiesenbau, künstlicher II a. 717. 775.
— Ist durch die Obern und Gesetzgeber zu begünstigen II a. 719.

Wiesenbewässerung, und deren verschiedene Arten II a. 65.

Wiesenhobel II a. 39. 67.

Wiesenklee, weißer, dient zur Verbesserung natürlicher, und zur Anlegung künstlicher Wiesen II a. 774.

Wiesenpflug s. Wiesenhobel.

Wiesenschur III. 61 ff.

Wilde=Feuer, Krankheit der Schweine, siehe Bräune.

Winde oder Windelbaum III. 42.

Windelspäne III. 42.
Windhaufen III. 70.
Winterfrucht, wie oft, und wie dazu gepflügt werden müsse IIa. 216. 225.
Winterfütterung der Schaafe, siehe Schaafe.
Winter-Gerste IIa. 434.
— vielzeilige IIa. 461.
Winterohlsaat, wann sie zu säen IIa. 423. Erforderlicher Boden dazu IIa. 425.
Winter-Roggen IIa. 451.
Winter-Rübsen IIb. 176.
Winter-Wicke IIa. 567.
Wippel, Provinzialname des rothen Kornwurms III. 385.
Wirrstroh III. 290.
Wirthschafts-Systeme, deren Entstehen IIb. 25 ff.
— Vorzüge der verschiedenen IIb. 152 ff.
— Regeln, über die Wahl unter diesen Systemen, mit Berücksichtigung der Lokal- und sonstigen Verhältnisse IIb. 155.
Wolfsmilch IIa. 112.
Wölfe an der Braupfanne III. 669.
Wolle, Zuschlag derselben I. 541.
— Waschen der abgeschorenen I. 573.
— Sortiren derselben I. 585.
— deren Zusammenbinden I. 586.
— deren Aufbewahrung I. 587.
— deren Transportirung, daselbst.
— deren Verkauf I. 589.
— deren Abliefern und Wiegen I. 590. Vorsichtsregeln dabei, daselbst.
— ob es rathsam sey, solche von einem Jahre ins andere liegen zu lassen I. 591.

Worfeln, und wie es geschehen müsse III. 327 u. ff.
— Ohngefähre Ueberschlagung der Quantität Korns in dem geworfelten Haufen III. 339.

Worfschaufel III. 329.

Wulst, beim Dröschen der Oehlsaat im Felde III. 438.
— bei der Miststäte II a. 289.

Wunddrücken der Pferde durch den Sattel oder das Geschirr I. 213.
Mittel dagegen, daselbst.

Wunderkorn, vieljährigter Weizen II a. 437.

Wundziehen oder Durchziehen der Pferde I. 213 ff.
Dessen Verhütung und Heilung, daselbst.

Wurm, der weiße Kornwurm III. 384.
— der schwarze Kornwurm III. 385.
— der rothe Kornwurm, daselbst.

Wurzelgewächse und deren verschiedene Arten II a. 382.

Würze III. 689.
— Extrahiren derselben, daselbst. Wie dieses vorzunehmen III. 690.
— Gahrkochen und Klaren derselben III. 690.
— schnelles Abkühlen derselben, daselbst.
— Gahrseyn derselben, woran man dieses erkennt III. 691.
— rahmt, was dieses sey III. 702.

Z.

Zähren oder Thränen der Augen, als Pferdekrankheit I. 214.
Mittel, zur Heilung dieser Krankheit I. 215.

Zapfen, ein Vorrath davon muß im Bierkeller einer Brauerey vorhanden seyn III. 667.

Zehndten, und deren Eintheilung, nach ihren verschiedenen Arten und Benennungen III. 159.

Zehndtgeber, sind bei nassen Jahren mit dem Abzehnten nicht aufzuhalten III. 179.

Zehndtgerechtigkeit ist dem Ackerbau im Ganzen nachtheilig II a. 785. 95.

Zehndtmaaler III. 169.

Zehndtziehen III. 157.
— Nutzen desselben für die Oekonomie III. 158.
Eintheilung der Zehndten III. 159.
Ob es rathsam sey, den Natural-Zehndten selbst zu ziehen oder zu verpachten III. 163.
Was bei der Verpachtung zu beobachten, und wie solche am besten geschehe III. 165.
Ob es wohl gethan sey, bei der Verpachtung dem Zehndtpflichtigen das Näherrecht zu geben III. 167.
Verfahren bei der Auszehndtung der Halm- und Hülsen-Früchte III. 169.
Ob es besser sey, die Oehlsaat, den Flachs, die Futterkräuter und behackten Braachfrüchte in Natur auszuzehndten, oder sich anstatt derselben mit einem billigen Geldzehndten zu begnügen III. 173.
Wie die Natural-Zehndtziehung der Futterkräuter und Braachfrüchte am besten vorzunehmen sey III. 176.

Zeichnen der Schaafe, s. Schaafe.
Zeichnungskunst, nützlich dem Oekonomen I. 61.
Zerstückelung der Aecker ist dem Ackerbau nachtheilig IIa. 785. ff.
Ziegenschuh, als Düngungsmittel für Bergwiesen IIa. 44.
Ziegenzucht I. 146.
Ziehmesser, muß im Bierkeller einer Brauerey vorhanden seyn III. 668.
Zinsfrüchte, nöthige Vorsicht bei deren Annahme III. 380.
Zinsmeyer, Verhalten dagegen III. 378.
Zuber zur Wegschaffung der Träbern III. 666.
Zugstränge III. 35.
Zuchtkempe oder Bäre I. 395.
— wie er beschaffen seyn, und behandelt werden müsse, um gute Dienste zu leisten I. 395. 96.
— wie viel Sauen er bedienen könne, daselbst.
— wann, und wie lange er zur Zucht brauchbar sey I. 396. f.
— alter, ob er noch verschnitten werden könne I. 417.
Verfahren bei dieser Operation I. 419.
Zuchtsau, ihre Eigenschaften und Behandlung I. 399.
— wie früh und wie lange sie zur Zucht brauchbar sey I. 400.
— wie lange sie trägt, und wie oft sie in einem Jahre wirft I. 401.
— Kennzeichen, ob sie trächtig sey, daselbst.
— welches ist die beste Zeit, sie zu dem Kempen zu lassen I. 402.
— deren Behandlung wenn sie trächtig I. 403.
— wie viel Ferkel sie werfen müsse, und bei gehöriger Pflege ernähren könne I. 403. 4.

Zuchtsau, säugende, deren Behandlung I. 406 = 7.
— alte, ob sie noch verschnitten werden könne I. 417.
Vorsicht dabei I. 417. 418.
Zunge am Pfluge IIa. 135.
Zusammenpflügen IIa. 216.
Zuschlag der Wolle, Hautkrankheit der Schaafe I. 541.
Zwanghufigkeit, Fehler der Pferde I. 249.
Wodurch sie zu verhüten I. 192.

Druckfehler

im 3ten Theile der practischen Anleitung zur Führung der Wirthschafts-Geschäfte.

In der Vorrede zur 1ten Auflage:

Seite x. Zeile 7 von unten ließ „demnach" für dennoch.

Im Werke selbst:

Seite 19 Zeile 5 v. oben ließ „schwenckt" für schwengt.
— 5 v. unten l. „Vorrichtungen" f. Vorrchitungen.
— 22 — 1 v. unten l. „auch" f. durch.
— 56 — 15 v. unten l. „dennoch" f. demnach.
— 87 — 11 u. 12 v. oben l. „dadurch" f. da, durch.
— 117 — 3 v. oben muß das Wort hoch, hinter dem Worte Fuß eingerückt werden.
— 132 — 9 v. oben l. „8 Mgl." f. 8 Ggr.
— 172 — 8 v. oben muß nach dem Worte „Mistwagens" noch das Wort, geschehen, gesetzt werden.
— 198 — 5 v. oben u.) l. „Ziegel" f. Biegel.
— 199 — 9 v. unten)
— 214 — 1 v. unten muß ich wegfallen.
— 224 — 11 v. unten müssen hinter dem Worte: „besprengen" die Worte: und durchharken hinzugesetzt werden.
— 269 — 5 v. unten l. „werden" f. würden.
— 301 — 1 v. oben l. „dick" f. dicht.
— 304 — 1 v. oben muß nach dem Worten „oder auch," das Wort durch eingerückt werden.
— 365 — 11 v. oben muß hinter das Wort machen, ein Punkt gesetzt, und es müssen, statt des Wortes „in," die Worte: Man vermeidet, gesetzt werden.
— 416 — 13 v. oben l. „selbigen" f. selbigem.
— 439 — 11 v. oben l. „der Saamen" f. er.
— 457 — 5 v. unten l. „Scheese" f. Scherfe.
— 463 — 14 v. unten l. „einen" f. ein.
— 477 — 8 v. unten muß das Wort das wegfallen.
— 522 — 7 v. unten müssen nach dem Worte „könne" die Worte: und sich, eingerückt werden.

Seite 545 Zeile 6 v. oben l. „Knickhelm" f. Tinkhelm.
— 546 — 5 v. oben l. „Knick" f. Kinck.
— 554 — 5 v. oben l. „heiße, dünne" für heiße dinne.
— 556 — 9 v. oben l. „von der in den neuen Bütten verfertigten Maische" f. in den Bütten.
— 559 — 4 v. unten l. „unter" f. auf.
— 577 — 3 v. oben l. „Muß man" f. man muß.
— 579 — 11 v. oben l. „am einen Ende des" f. am jeden Ende eines.
— 603 — 5 unten muß das Wort beträgt wegfallen.
— 609 — 4 v. oben muß für die Worte „Ich habe daher im Texte" die Worte: Es sind daher; und
— 6 v. oben l. „anzunehmen" f. angenommen.

Die übrigen unbedeutendern Druckfehler wird der geneigte Leser selbst zu verbessern die Güte haben. Noch hat sich ein größerer Fehler eingeschlichen. Es ist sowohl bei der Branntweinbrennerey, als auch bei der Bierbrauerey das Malzmachen abgehandelt, welches unnöthig ist. Ich hatte meinen Zöglingen diese Zweige in verschiedenen Zeitperioden vorgetragen und, der Vollständigkeit wegen, bei jedem Zweige das Malzmachen hinzugesetzt. Auf diese Art ist es aus Versehen zum Abdruck gelangt.

FSC
www.fsc.org
MIX
Papier | Fördert gute Waldnutzung
FSC® C083411

Kolibri 360 GmbH
Ferdinand-Jühlke-Straße 7
99095 Erfurt, Deutschland
produktsicherheit@kolibri360.de